KB003151

오일러가 만든 그래프

익히기

27 오일러가 만든 그래프

익히기

ⓒ 김은영, 2009

초판 1쇄 발행일 | 2009년 7월 10일
초판 5쇄 발행일 | 2023년 10월 27일

지은이 | 김은영
펴낸이 | 정은영
펴낸곳 | (주)자음과모음

출판등록 | 2001년 5월 8일 제20-222호
주소 | 10881 경기도 파주시 회동길 325-20
전화 | 편집부 (02)324-2347, 영업부 (02)325-6047
팩스 | 편집부 (02)324-2348, 영업부 (02)2648-1311
e-mail | jamoteen@jamobook.com

ISBN 978-89-544-1738-9 (04410)

천재들이 만든

수학퍼즐 익히기

김은영(M&G 영재수학연구소) 지음

27

오일러가 만든 그래프

|주|자음과모음

초급
문제&풀이

우리 주변에서 그래프를 볼 수 있는 곳을 3가지 이상 쓰시오.

A.

풀이 1

정답 뉴스나 신문의 기사

병원의 심전도 분석기

수학책 속의 비율그래프

여러 가지 광고 속

주식 시장의 주가변동 그래프

병원에서 사용하는 뇌파 측정기

거짓말 탐지기

여러 가지 방정식의 그래프

교실의 칭찬스티커

독서스티커 판

컴퓨터의 엑셀 프로그램

등

다음은 우리나라의 연령별 연간 평균 독서량을 나타낸 그래프입니다. 다음 질문에 답하시오.

연령별 연간 평균 독서량

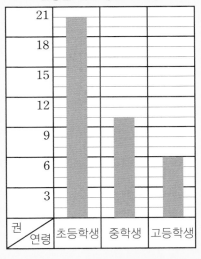

(1) 책을 가장 많이 읽는 연령대는 언제입니까?

(2) 초등학생이 읽는 연평균 독서량은 중학생의 몇 배입니까?

(3) 그래프의 결과를 보고 어떤 정보를 얻을 수 있습니까?

풀이 2

정답 (1) 초등학교　　　　(2) 2배　　　　　(3) 풀이 참조

풀이 (1) 막대의 길이가 가장 긴 초등학생이 책을 가장 많이 읽는 연령 대입니다.

(2) 연평균 독서량이 초등학생은 20권, 중학생은 10권, 고등학생 은 6권입니다. 따라서 초등학생은 중학생의 2배만큼 독서를 더 많이 합니다.

(3) 중, 고등학교로 갈수록 독서량이 줄어들고 있는 것으로 보아 학교에 있는 시간이 길어지면서 한가한 시간이 줄어들어 독서할 시간이 부족한 것으로 생각됩니다. 또한 중, 고등학생이 되면서 요구되는 독서 수준이 높아져서 독서에 흥미를 잃는 학생이 생겨 나고 다양한 문화생활과 교우 관계가 형성되어 독서보다는 다른 것을 통해 여가를 즐기기 때문입니다.

다음 원그래프를 보고 물음에 답하시오.

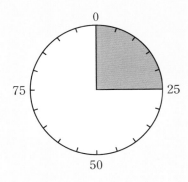

(1) 원그래프의 전체 눈금은 얼마입니까?

(2) 원그래프의 한 눈금은 얼마입니까?

(3) 원그래프 전체가 100%라면, 색칠한 부분은 몇 %입니까?

A.

풀이 3

정답 (1) 100

     (2) 5

     (3) 25%

풀이 (3) 전체가 100%라면, 색칠한 부채꼴은 전체의 $\frac{1}{4}$이므로

$100\% \times \frac{1}{4} = 25\%$입니다.

따라서 색칠한 부분은 25%가 됩니다.

다음은 교실의 온도를 나타낸 그래프입니다. 물음에 답하시오.

교실의 온도

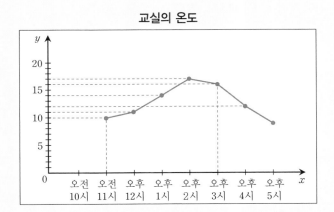

(1) 이와 같은 그래프를 무슨 그래프라고 합니까?

(2) 가로 눈금과 세로 눈금은 각각 무엇을 나타냅니까?

(3) 오후 3시의 교실 온도는 약 몇 ℃입니까?

정답 (1) 꺾은선그래프

(2) 측정한 시각, 교실의 온도

(3) 16℃

풀이 (1) 문제의 그래프와 같이 자료에 해당되는 점을 찍고 각 점들을 연결한 그래프를 '꺾은선그래프' 라고 합니다.

(2) 가로 눈금은 측정한 시각을 나타내고, 세로 눈금은 교실의 온도를 나타냅니다. 문제의 그래프는 시간에 따라 달라지는 교실의 온도를 나타내고 있는 꺾은선그래프입니다.

(3) 가로축의 오후 3시의 점을 따라 읽으면 세로축이 16℃임을 알 수 있습니다.

----- 천재들이 만든 수학퍼즐 · 27

다음 띠그래프를 보고 물음에 답하시오.

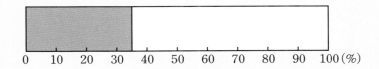

(1) 전체의 길이를 10cm로 볼 때, 한 눈금의 길이는 몇 cm입니까?

(2) 전체 띠를 100%로 보았을 때, 색칠한 부분은 몇 %입니까?

𝒜.

정답 (1) 1cm

(2) 35%

풀이 (1) 10cm가 10개의 눈금으로 나뉘었으므로 1cm입니다.

(2) 10cm가 100%이므로

100% ÷ 10cm = 10%

즉, 1cm는 10%입니다.

한 칸이 10%이고, 색칠한 부분은 3칸 반이기 때문에

10% × 3.5 = 35%이므로 정답은 35%입니다.

다음은 유경, 가은, 유진, 원영, 민지가 함께 공기놀이를 하면서
낸 점수입니다. 물음에 답하시오.

이름	유경	가은	유진	원영	민지
점수(점)	50	34	68	88	92

(1) 위의 자료는 어떤 그래프로 나타내는 것이 가장 효과적입니까?

(2) 표를 보고, 알맞은 그래프로 나타내어 보시오.

공기놀이 점수

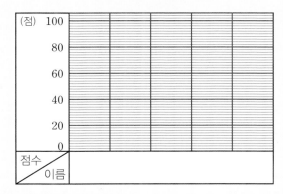

풀이 6

정답 (1) 이 자료는 한 가지 영역공기놀이 점수에 대한 여러 대상유경, 가은, 유진, 원영, 민지의 자료를 비교하는 것입니다. 이때는 막대그래프를 사용하는 것이 가장 효과적입니다. 참고로 시간의 흐름에 따른 변화를 나타낼 때는 꺾은선그래프, 전체에 대한 부분의 비를 나타낼 때는 원그래프나 띠그래프를 사용합니다.

(2) 그래프의 가로축에 학생들의 이름을 적어주고, 그에 따른 점수를 확인하여 막대를 그려줍니다. 이때, 막대의 굵기는 일정해야 합니다.

공기놀이 점수

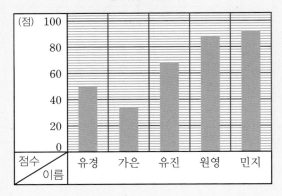

지웅이네 동네의 학교별 학생 수를 조사하여 나타낸 표입니다. 표의 빈칸을 알맞게 채우고, 원그래프로 나타내시오.

학교	초등학교	중학교	고등학교	대학교	계
학생 수(명)	168		105		420
백분율(%)		30		5	

학교별 학생 수

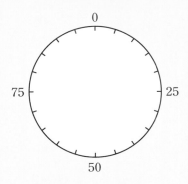

A.

정답 초등학교의 백분율 $= \dfrac{168}{420} \times 100 = 40\%$

중학교의 학생 수 $= 420 \times \dfrac{30}{100} = 126$명

고등학교의 백분율 $= \dfrac{105}{420} \times 100 = 25\%$

대학교의 학생 수 $= 420 \times \dfrac{5}{100} = 21$명

백분율의 합 $= 40 + 30 + 25 + 5 = 100\%$

학교	초등학교	중학교	고등학교	대학교	계
학생 수(명)	168	126	105	21	420
백분율(%)	40	30	25	5	100

학교별 학생 수

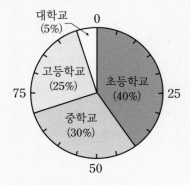

다음은 현규의 몸무게를 나타낸 표입니다. 3, 4, 5, 6, 7, 8, 9월에 해당하는 몸무게에 점을 찍어 보고 각 점들을 직선으로 연결한 꺾은선그래프를 완성해 봅시다.

월	3	4	5	6	7	8	9
몸무게(kg)	33.1	33.4	33.7	33.8	33.9	34.5	34.9

현규의 몸무게

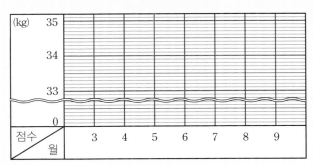

A.

풀이 8

정답

현규의 몸무게

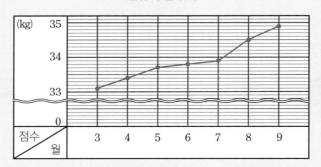

다음은 은영이네 학교 학생들이 좋아하는 운동을 조사한 것입니다. 물음에 답하시오.

운동	야구	축구	농구	기타	합계
학생 수(명)	70	60	40	30	200

(1) 각 운동 종목의 백분율을 구하시오.

운동	야구	축구	농구	기타
백분율(%)				

(2) 백분율의 합계는 몇 %입니까?

(3) 위의 자료를 띠그래프로 나타내어 보시오.

좋아하는 운동

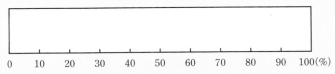

정답 (1) 백분율은 비의 값에 100을 곱해서 구할 수 있습니다. 전체 학생 수가 100명이므로 아래와 같이 구할 수 있습니다.

야구 : $\dfrac{70}{200} \times 100 = 35\%$ 축구 : $\dfrac{60}{200} \times 100 = 30\%$

농구 : $\dfrac{40}{200} \times 100 = 20\%$ 기타 : $\dfrac{30}{200} \times 100 = 15\%$

운동	야구	축구	농구	기타
백분율(%)	35	30	20	15

(2) 모든 운동의 백분율을 더해 봅시다.

$35\% + 30\% + 20\% + 15\% = 100\%$

백분율의 합계는 100%입니다.

(3) 띠에 표시된 눈금은 한 칸에 10%입니다. 각 운동이 차지하는 %에 맞도록 띠그래프를 그립니다.

좋아하는 운동

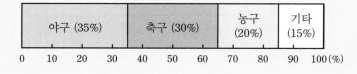

준호는 양초가 타는 모습을 지켜보다가, 시간에 따라 양초의 키가 어떻게 변하는지 궁금해 표를 만들어 보았습니다. 준호가 만든 표를 보고 물음에 답하시오.

시간(분)	0	1	2	3	4	5	6
양초의 키(cm)	20	17	14	11	8	5	2

(1) 양초는 1분에 몇 cm씩 타고 있습니까?

(2) 시간을 x, 양초의 키를 y로 하는 x, y의 관계를 식으로 나타내시오.

(3) 위의 관계식을 보고, 함수그래프를 완성해 봅시다.

양초의 키

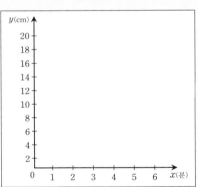

풀이 10

정답 (1) 0분에서 1분이 될 때 20cm에서 17cm로, 1분에서 2분이 될 때 14cm로, 시간이 1분씩 지날 때마다 양초의 키가 3cm씩 줄어들고 있습니다.

(2) 양초의 키는 20cm에서 시작하여 1분에 3cm씩 줄어듭니다.

양초의 키cm＝20−(3×양초를 태운 시간)

$y = 20 - (3 \times x)$

$\quad = 20 - 3x$

(3) 함수그래프를 그리면 다음과 같습니다. 1분과 2분 사이에도 양초는 계속 타고 있으므로 각 점들은 선으로 연결해서 그려야 합니다.

양초의 키

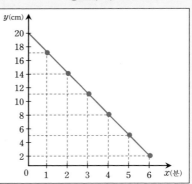

A, B 두 톱니바퀴가 맞물려 돌아가고 있습니다. A의 톱니는 200개, B의 톱니는 50개입니다. A가 x바퀴 회전하는 동안 B는 y바퀴 회전한다고 할 때, 물음에 답하시오.

(1) x, y의 관계를 함수식으로 나타내시오.

(2) 위의 함수식을 그래프로 나타내시오.

(3) x, y는 어떤 관계에 있습니까?

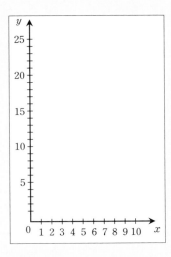

풀이 11

정답 (1) 두 톱니바퀴는 한 톱니씩 맞물려 돌아갑니다. 톱니 200개가
움직이면 A는 한 바퀴, B는 네 바퀴 회전하게 됩니다. 따라서 A
가 한 바퀴 돌 때, B는 네 바퀴를 돈다는 것을 알 수 있습니다. 표
로 정리하면 다음과 같습니다.

A톱니바퀴의 회전수(x)	1	2	3	4	5
B톱니바퀴의 회전수(y)	4	8	12	16	20

이 x, y의 관계를 식으로 세우면 $y = 4 \times x$, 즉 $y = 4x$입니다.

(2) 이 함수식을 그래프로 그리면
다음과 같습니다.

(3) 함수 관계는 x값이 증가할수록
y의 값도 증가하는 정비례 관계에
있습니다.

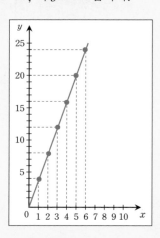

창준이는 넓이가 48cm²인 직사각형을 만들려고 합니다. 가로의 길이를 x, 세로의 길이를 y라고 할 때, 다음 물음에 답하시오.

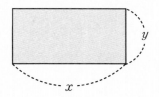

(1) 직사각형의 넓이는 어떻게 구합니까?

(2) x의 값이 4cm일 때 y값은 얼마입니까?

(3) x, y의 관계를 함수식으로 나타내시오.

(4) 위의 함수식을 그래프로 나타내시오.

(5) x, y는 어떤 관계에 있습니까?

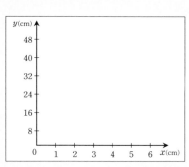

정답 (1) 직사각형의 넓이는 (가로의 길이)×(세로의 길이)로 구할 수 있습니다.

(2) 직사각형의 넓이는 $48cm^2$로 정해졌기 때문에 가로가 길어지면 세로는 짧아져야 합니다. 가로의 길이가 $4cm$일 때, 넓이가 $48cm^2$이 되기 위해서는 세로의 길이는 $12cm$가 되어야 합니다. $4 \times 12 = 48$

(3) y의 값을 구하기 위해서는 48을 x로 나누어야 합니다. 함수식을 세우면, $y = 48 \div x = \dfrac{48}{x}$입니다.

(4) 위의 함수식을 그래프로 그리면 오른쪽과 같습니다. x가 자연수일 때는 점으로 찍히지만, 그 사이 값들을 전부 구해서 점으로 찍으면 그래프처럼 곡선으로 연결됩니다.

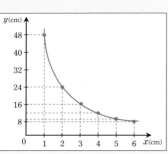

(5) x값이 커지면, y값은 작아집니다. 반대로 x의 값이 작아지면, y값은 커집니다. x, y는 서로 반비례 관계에 있습니다.

다음은 정비례와 반비례 관계 그래프입니다. 각 상황과 어울리는 그래프를 찾으시오.

이름	그래프	특징
정비례		x의 값이 2배, 3배 증가하면 y의 값도 2배, 3배와 같이 증가하는 관계입니다. $$y = ax \quad (단,\ a > 0)$$
반비례		x의 값이 2배, 3배 증가하면 y의 값은 $\dfrac{1}{2}$, $\dfrac{1}{3}$로 줄어드는 관계입니다. $$y = \dfrac{a}{x} \quad (단,\ a > 0)$$

① 사과 20개를 x명에게 나누어 줄 때, 한 사람이 받는 사과 수 y개

② 넓이가 30cm²인 직사각형에서 가로의 길이 $x$cm, 세로의 길이 $y$cm

③ 삼각형에서 높이가 5cm로 일정할 때 밑변의 길이 $x$cm, 넓이 $y$cm²

④ 햄버거 하나에 3000원일 때 주문한 개수 x개, 지불해야 하는 비용 y원

⑤ 철사가 m당 500g일 때 전체 철사의 길이 xm, 전체 철사의 무게 yg

⑥ $x \times y = 100$의 관계가 있는 약수 쌍에서 x, y의 관계

정답 x의 값이 증가할 때, y의 값이 증가하는 경우는 ③, ④, ⑤입니다.

x의 값이 증가할 때, y의 값이 감소하는 경우는 ①, ②, ⑥입니다.

각각의 함수식은 다음과 같습니다.

① $y=\dfrac{20}{x}$　　　　② $y=\dfrac{30}{x}$　　　　③ $y=\dfrac{5}{2}x$

④ $y=3000x$　　　⑤ $y=500x$　　　⑥ $y=\dfrac{100}{x}$

아래의 그래프에 어울리는 상황을 두 가지 이상 쓰시오.

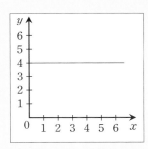

A.

풀이 14

정답 문제의 그래프는 x의 값이 변할 때, y의 값은 변하지 않고 있습니다. 따라서 x의 값이 변하더라도 y의 값이 일정한 것을 말합니다. 아래와 같은 예를 생각할 수 있습니다.

– 욕조 속의 물의 높이 x에 따른 욕조 타일의 개수

– 시간이 지남에 따른 우리 집 책장의 높이

– 내 용돈 금액에 따른 가족의 수

– 양치질하는 시간에 따른 내 치아의 개수

– 반찬의 수에 따른 식탁보의 넓이

다음 상황에 어울리는 그래프를 찾아보시오.

> 종웅이는 mp3에 똑같은 크기를 가진 음악 파일들을 저장하고 있습니다. mp3의 전체 용량이 256MB일 때, 저장한 음악 파일이 늘어날수록 남은 용량은 어떻게 변할까요? 단, x는 저장한 음악파일의 개수, y는 mp3의 남은 용량

①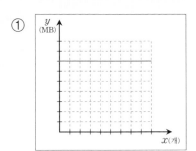

②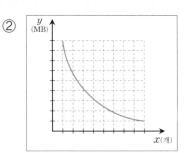

③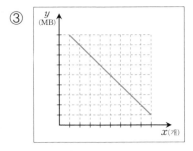

④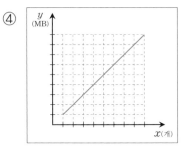

풀이 15

정답 ③

풀이 mp3에 음악을 저장할수록 남은 용량은 줄어듭니다. 그래프 중에서 x의 값이 증가할수록 y의 값이 감소하는 그래프는 두 번째와 세 번째 그래프입니다. 이 두 그래프 중에서 정답은 세 번째 그래프입니다.

그 이유는 똑같은 크기를 가진 곡을 저장하고 있기 때문에 곡의 수가 늘어날수록 줄어드는 용량도 일정해야 합니다. 세 번째 그래프는 x가 한 칸 증가할 때마다 y는 한 칸씩 줄어듭니다. 하지만, 두 번째 그래프는 x가 한 칸 증가할 때, y값은 처음에는 큰 폭으로 감소하다가 나중에는 작은 폭으로 감소합니다.

다음 상황에 어울리는 그래프를 찾아보시오.

한범이네 반 학생들의 키와 발 크기의 관계

①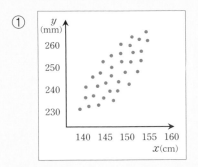

②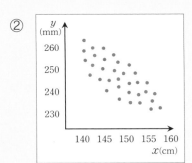

③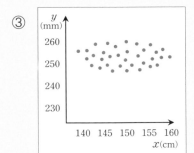

④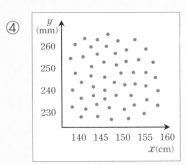

정답 ①

풀이 한범이네 반 학생 한 명이 각각 점 하나씩을 나타냅니다. 일반적으로 생각하면 키가 클수록 발의 크기도 크죠? 그렇다면, 대체로 정비례 관계를 맺고 있는 그래프를 골라야 합니다. 하지만, 학생마다 성장 속도가 달라서 키 150cm에 발의 크기가 정해져 있는 것은 아니므로 직선이 아닌 점으로 나타내어야 합니다. 따라서 정답은 첫 번째 그래프가 됩니다.

두 번째 그래프는 키가 큰 학생일수록 발의 크기가 작아지는 것이므로 답이 될 수 없고, 세 번째 그래프는 키의 크기에 상관없이 발의 크기는 250mm~160mm에 모여 있습니다. 마지막 네 번째 그래프는 키와 발의 크기가 별 상관없어 보이는군요. 따라서 답이 될 수 없습니다.

다음 상황과 그래프를 어울리는 것끼리 연결하시오.

① 초등학교 4학년인 은채의 키가 자람에 따른 몸무게의 변화

② 은채네 반 학생들의 키에 따른 몸무게

③ 은채네 반 학생들의 키에 따른 사물함의 무게

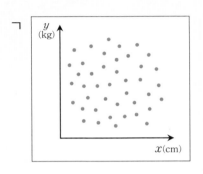

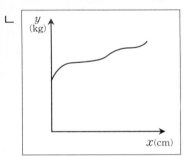

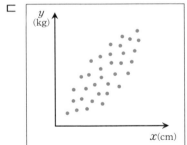

풀이 17

정답 ①-ㄴ, ②-ㄷ, ③-ㄱ

풀이 세 가지 상황 모두 cm와 kg에 따른 관계입니다.

첫 번째 상황은 은채가 4학년이라면 한창 크고 있는 중이겠군요. 그렇다면 증가하는 그래프를 찾아 주어야겠네요. 은채의 키는 연속된 자료죠. 따라서 중간에 끊어지는 부분이 없는 선으로 연결된 두 번째 그래프와 연결되어야 하겠네요.

두 번째 상황은 키에 따른 몸무게 그래프네요. 그렇다면 각 학생들이 그래프상의 한 점들이 되겠네요. 상식적으로 키가 크면 몸무게도 많이 나가죠? 따라서 이 상황도 증가하는 형태여야 해요. 그리고 각 학생들이 점으로 표현되니까 세 번째 그래프와 어울리겠군요.

세 번째 상황은 은채네 반 학생 모두의 키와 사물함 무게를 조사했어요. 여러분 반에는 키가 크다고 큰 사물함을 가지거나 키가 큰 학생들의 사물함에는 더 많은 것이 들어 있나요? 아니죠. 그러므로 키와 사물함 무게는 일정한 관계를 가지고 있지 않아요. 따라서 규칙을 찾을 수 없는 첫 번째 그래프가 답이 되겠네요.

유경이는 우리나라의 경제 성장률을 보고 아래와 같이 4개의 그림그래프로 나타내었습니다. 가장 효과적인 그래프는 어떤 것인지 선택하고, 그 이유를 말하시오.

분기별	1/4분기	2/4분기	3/4분기	4/4분기
성장률(%)	3.7	2.4	3.0	3.1

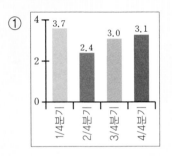

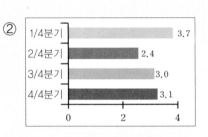

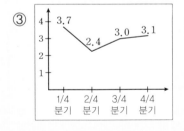

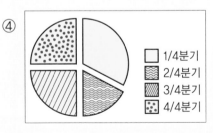

정답 ③

　‘우리나라의 경제 성장률’과 같은 자료는 시간이 지남에 따른 변화를 보기 위한 자료입니다. 그러므로 꺾은선그래프가 가장 효과적입니다. 막대그래프는 한 가지 주제에 대한 각 대상의 양을 나타낼 때, 원그래프는 전체에 대한 부분의 비율을 나타낼 때 효과적입니다.

원그래프

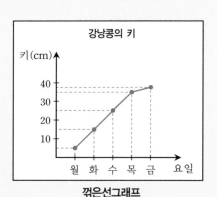

막대그래프　　　　꺾은선그래프

다음 자료를 연속형 자료와 비연속형 자료로 나누시오.

① 휴대전화의 개수

② 수조 안의 물 높이

③ 여름철 온도

④ 필통 속 필기도구의 수

⑤ 빵에 들어가는 밀가루의 무게

⑥ 집에서 학교까지의 거리

⑦ 밥 먹는 데 걸리는 시간

⑧ 내가 읽은 책의 권 수

⑨ 우리 방에 있는 모기의 수

⑩ 선풍기의 크기에 따른 날개의 수

A.

풀이 19

정답 연속형 자료 　－②, ③, ⑤, ⑥, ⑦

　　　비연속형 자료 － ①, ④, ⑧, ⑨, ⑩

풀이 연속형 자료는 자료가 가지는 값이 중간에 끊어짐 없이 연결된 자료로 셀 수 없는 자료입니다. 비연속형 자료는 자료가 가지는 값이 각각 존재하는 자료로 셀 수 있는 자료입니다.

다음은 규호네 반 학생 40명의 키를 조사한 내용입니다. 자료를
보고 도수분포표를 완성하시오.

규호네 반 학생의 키

130	145	146	126	134	130	167	139	157	146
150	133	151	142	149	140	134	129	132	159
153	164	148	145	147	151	156	140	161	152
167	170	139	160	132	154	137	132	157	164

계급	계급의 범위	도수(/)	도수(명)
1	126이상~131미만		
2	131~136		
3	136~141		
4	141~146		
5	146~151		
6	151~156		
7	156~161		
8	161~166		
9	166~171		
합계			

정답 각 자료가 속하는 계급을 찾아 ' / ' 표시를 해 준 다음 ' / '의 수를 세어 완성합니다. 'a 이상'은 a를 포함하고, 'b 미만'은 b를 포함하지 않음을 유의합니다.

계급	계급의 범위	도수(/)	도수(명)
1	126이상~131미만	////	4
2	131~136	///// /	6
3	136~141	/////	5
4	141~146	///	3
5	146~151	///// /	6
6	151~156	/////	5
7	156~161	/////	5
8	161~166	///	3
9	166~171	///	3
합계			40

다음은 창민이네 반 50명의 던지기 기록을 보고 도수분포표를 만든 것입니다. 물음에 답하시오.

(1) 도수분포표의 빈칸을 채우시오.

던지기(m)	학생 수(명)
15이상~20미만	2
20~25	5
25~30	6
	7
	6
	2
합계	

(2) 학생 수가 가장 많은 계급은 무엇입니까?

(3) 창민이네 반 학생들의 던지기 기록의 평균을 예상할 수 있습니까? 그렇다면, 그 이유는 무엇입니까?

풀이 21

정답 (1) 도수분포표를 보면 5m씩 구간을 나눈 것을 알 수 있습니다.

그리고 전체 학생 수는 50명이고, 나머지 학생 수를 50명에서 빼면 빈 칸은 22명임을 알 수 있습니다.

던지기(m)	학생 수(명)
15이상~20미만	2
20~25	5
25~30	6
30~35	22
35~40	7
40~45	6
45~50	2
합계	50

(2) 학생 수가 가장 많은 계급은 '30~35' 구간입니다.

(3) 평균을 예상할 수 있습니다. 이유는 '30~35'를 중심으로 학생들이 모여 있는 것을 볼 수 있습니다. 그러므로 '30~35' 사이에 평균이 있을 것으로 예상됩니다. 정확하지는 않지만 학생 수의 분포 정도에 따라서 평균을 예상할 수 있습니다.

다음은 윤지네 이웃 200명을 대상으로 한 '하루 중 TV시청 시간'을 조사하여 만든 도수분포표입니다. 이 표를 보고 히스토그램을 그려 보시오.

하루 중 TV시청 시간

TV시청 시간(분)	사람 수(명)
0이상~15미만	4
15~30	25
30~45	50
45~60	61
60~75	41
75~90	14
90~105	3
105~120	1
120~135	1
합계	200

풀이 22

정답 위 도수분포표를 보고 히스토그램을 그리면 아래와 같습니다.

하루 중 TV 시청시간

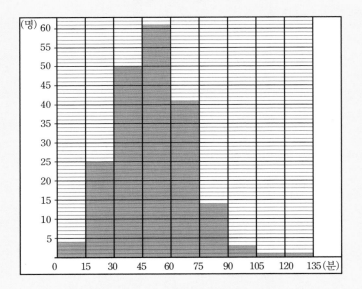

다음은 예은이네 학교 학생 100명을 대상으로 한 '100m 달리기 기록'과 '1분 동안 줄넘기 횟수'를 나타낸 도수분포표입니다. 다음 도수분포표를 히스토그램으로 나타내시오.

100m달리기 기록

100m달리기 기록(초)	학생 수(명)
17이상~18미만	5
18~19	15
19~20	25
20~21	30
21~22	18
22~23	7
합계	100

줄넘기 횟수

줄넘기 횟수(개)	학생 수(명)
40이상~50미만	6
50~60	19
60~70	32
70~80	22
80~90	15
90~100	6
합계	100

𝒜.

정답 히스토그램으로 나타내면 아래와 같습니다.

100m달리기 기록

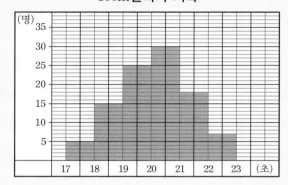

줄넘기 횟수

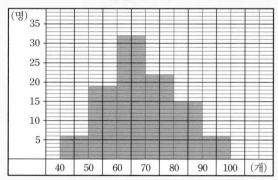

직장인 1000명을 대상으로 월급을 조사해 보았습니다. 1000명의 평균 월급은 188만 원이었습니다. 이 자료가 정규분포곡선을 따른다고 했을 때, 물음에 답하시오.

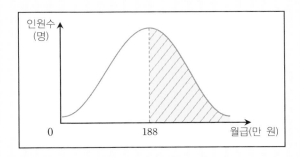

(1) 빗금 친 부분은 전체의 몇 %입니까?

(2) 월급 188만 원 이상 받는 직장인은 몇 명입니까?

 A.

정답 (1) 50%

(2) 500명

풀이 정규분포곡선은 평균을 기준으로 해서 양쪽이 대칭인 도형입니다. 따라서 평균을 기준으로 평균 이상이 50%, 평균 이하가 50%입니다. 색칠한 부분은 평균을 기준으로 나누어져 있기 때문에 50%입니다.

월급의 평균은 188만 원입니다. 월급을 188만 원 이상 받는 직장인은 전체의 50%입니다. 전체 조사 대상이 1000명이므로, 500명의 직장인이 188만 원 이상 받습니다.

다음은 두 지역 인구의 평균 연령을 나타낸 정규분포곡선입니다. 다음 질문에 답하시오.

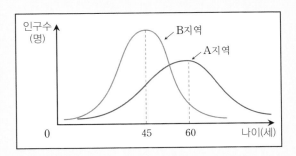

(1) A, B 지역의 평균 연령은 각각 몇 살입니까?

(2) 각 자료들이 평균에서 흩어진 정도를 분산이라고 합니다. A, B 지역의 분산도를 비교해 볼 때, 어느 지역의 분산도가 더 높습니까?

(3) 두 지역 중 한 곳은 농촌, 한 곳은 대도시입니다. A, B 지역은 각각 어느 곳입니까?

정답 (1) A 지역 – 60세, B 지역 – 45세

(2) A 지역의 분산도가 더 높습니다.

(3) A 지역은 농촌, B 지역은 대도시입니다.

풀이 (1) A 지역의 분포곡선을 보면 60세에서 봉우리가 생깁니다. 따라서 A 지역의 평균 연령은 60세입니다. 같은 방법으로 B 지역은 45세입니다.

(2) A 지역은 60세를 기준으로 모여 있지만 B 지역에 비해서는 모여 있는 정도가 약합니다. 따라서 평균에서 떨어진 정도인 분산도는 높습니다. 이에 반해 B 지역은 평균을 중심으로 모여 있는 모양입니다. 이는 분산도가 낮다는 것을 의미합니다. 그러므로 A, B 두 지역 중 A 지역의 분산도가 더 높습니다.

(3) A 지역은 B 지역에 비해 평균 연령이 높습니다. 그리고 젊은 사람이 적습니다. 농촌은 대도시에 비해 평균 연령 높고 일자리가 별로 없어 젊은 사람이 적습니다. 따라서 A 지역은 농촌, B 지역은 대도시입니다.

다음 정보를 보고, 정규분포곡선을 완성해 보시오.

30000명의 초등학생을 대상으로 조사한 IQ지능 지수값을 나타낸 것입니다.

30000명의 초등학생의 지능 지수는 정규분포곡선의 형태를 띠었습니다.

지능 지수의 평균은 110입니다.

지능 지수가 평균인 사람은 8000명입니다.

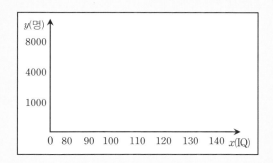

정답 정규분포곡선의 형태를 띠고 있다고 했으므로 종 모양의 그래프로 나타내야 합니다. 그리고 평균이 110이므로, 종 모양의 봉긋한 부분의 x값은 110이 되어야 합니다. 평균을 가진 학생 수가 8000명이므로 종 모양의 봉긋한 부분의 y값은 8000이 되어야 합니다. 이에 따라 정규분포곡선을 그리면 아래와 같습니다.

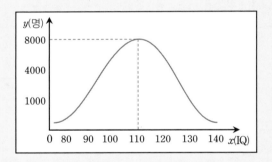

다음은 새롬 나라의 자동차 보유 대수를 나타낸 표입니다. 자동차 보유 대수는 5년이 지날 때마다 약 4%씩 증가하는 추세를 보였습니다. 표의 빈칸과 그래프를 마저 완성하시오.

연도	1980	1985	1990	1995	2000	2005	2010
대수(만)	300	312	324	337			

자동차 보유 대수

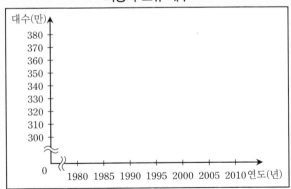

정답 5년 동안 매번 4%씩 증가 추세를 보인다고 하였습니다. 그렇다면 바로 앞 숫자의 4%씩 더하면 다음 연도의 자동차 수가 되겠군요.

$$300 \times \frac{104}{100} = 312 \qquad 312 \times \frac{104}{100} ≒ 324$$

$$324 \times \frac{104}{100} ≒ 337 \qquad 337 \times \frac{104}{100} ≒ 350$$

$$350 \times \frac{104}{100} = 364 \qquad 364 \times \frac{104}{100} ≒ 379$$

연도	1980	1985	1990	1995	2000	2005	2010
대수(만)	300	312	324	337	350	364	379

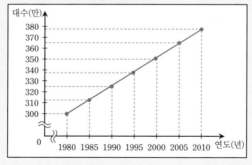

자동차 보유 대수

다음 그래프를 보고, 물음에 답하시오.

교육비 얼마나 뛰었나

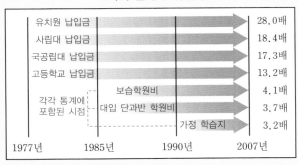

유치원 납입금	28.0배
사립대 납입금	18.4배
국공립대 납입금	17.3배
고등학교 납입금	13.2배
보습학원비	4.1배
대입 단과반 학원비	3.7배
가정 학습지	3.2배

각각 통계에 포함된 시점

1977년   1985년   1990년   2007년

(1) 위 그래프에서 가장 많이 오른 교육비는 어느 것입니까?

(2) 1977년부터 2007년까지 전체 물가는 5.8배가 올랐습니다. 위

그래프를 보고 기사를 써 봅시다.

A.

풀이 28

정답 (1) 가장 많이 오른 교육비는 유치원 납입금입니다. 하지만, 좀 더
정확하게 분석하기 위해서는 더 많은 자료가 필요합니다. 왜냐하
면 보습학원비, 대입 단과반 학원비, 가정 학습지는 1977년이 시
작점이 아니기 때문입니다.

예를 들어, 가정 학습지는 17년 동안 3.2배가 올랐습니다. 이를
정확히 비교하기 위해서는 다른 교육비도 17년 동안 오른 비율을
확인해야 합니다. 위에서 나온 그래프만을 이용한다면 28배가 오
른 유치원 납입금이 가장 많이 올랐다고 볼 수 있습니다.

(2) 30년 동안의 전체 물가는 5.8배 오른 반면 교육비는 훨씬 높은
비율로 올랐습니다. 유치원 납입금은 무려 28배나 올랐습니다.
이는 전체 물가의 약 5배입니다. 전체 물가에 비해 교육비가 많이
오른 것은 사회적 요인이 큽니다. 우리나라의 경우 교육열이 높
고, 부모님들이 자녀 교육에 대해 적극적으로 투자하는 경향이 높
습니다. 교육비 중에서 유치원 납입금이 가장 많이 오른 이유는
조기 교육에 투자하는 부모님들이 많다는 것을 알 수 있습니다.

다음은 각각의 통계 자료를 합쳐서 나타낸 복합 통계그래프입니다. 다음 물음에 답하시오.

초 · 중 · 고교생의 하루 독서 시간

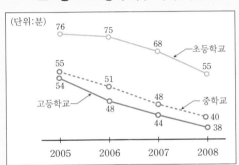

(1) 초, 중, 고등학교 학생 중 하루 독서 시간이 가장 많은 학생은 누구입니까? 그리고 그것의 이유는 무엇이라고 생각합니까?

(2) 시간이 흐를수록 청소년들의 독서 시간은 어떻게 변하고 있습니까? 그리고 그 이유는 무엇이라고 생각합니까?

𝒜.

풀이 29

정답 (1) 독서 시간이 가장 많은 학생은 초등학생입니다. 꺾은선그래프를 보면 초등학생이 가장 높은 위치에 있기 때문입니다.

다음과 같은 이유가 있을 수 있습니다.

– 학교에 있는 시간이 적기 때문에 남는 시간이 많다.

– 중, 고등학생에 비해 학습을 위해 학원에 다니는 시간이 적다.

– 초등학생을 위한 쉽고, 재미있는 책들이 많다.

– 부모님과 선생님의 조언을 가장 잘 받아들이는 나이이다.

(2) 독서 시간은 점점 줄어들고 있습니다. 독서 시간을 나타내는 꺾은선그래프가 점점 아래로 내려오기 때문입니다.

다음과 같은 이유를 생각해 볼 수 있습니다.

– 과거에 비해 한가한 시간에 컴퓨터나 오락 등 할 것들이 많다.

– 학습에 투자하는 시간이 과거보다 더 많아지는 추세이다.

다음은 아시아 주요국 중산층 가족 연평균 소득을 나타낸 막대그래프와, 각 나라의 중산층이 해외여행에 쓰는 비용을 나타낸 막대그래프입니다. 물음에 답하시오.

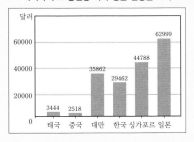

아시아 주요 중산층 가족 평균 연평균 소득

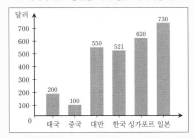

아시아 주요 중산층 가족 평균 해외여행비

(1) 중산층 가족 연평균 소득이 가장 많은 나라와 가장 적은 나라는 어디입니까?

(2) 중산층 해외여행 비용이 가장 많은 나라와 가장 적은 나라는 어디입니까?

(3) 가족 연평균 소득과 해외여행 비용은 어떤 관계가 있습니까?

풀이 30

정답 (1) 중산층의 연평균 소득이 가장 많은 나라는 62999달러인 일본이고, 가장 적은 나라는 2518달러인 중국입니다.

(2) 중산층 해외여행 비용이 가장 많은 나라는 730달러인 일본이고, 가장 적은 나라는 100달러인 중국입니다.

(3) 가족 연평균 소득과 해외여행 비용은 정비례 관계가 있습니다. 일본과 중국뿐만 아니라 다른 나라를 비교해 보아도 연평균 소득이 높은 나라가 대부분 해외여행에 드는 비용도 많음을 알 수 있습니다. 생활의 여유가 있을수록 해외여행을 갈 수 있는 기회가 많아지기 때문입니다.

다음은 중학교 1학년 학생의 평균 몸무게 변화를 연도별로 정리한 자료입니다. 이 자료를 이용하여 태규와 영실이는 각각 꺾은선 그래프를 그렸습니다. 두 그래프를 보고, 물음에 답하시오.

연도(년)	1992	1993	1994	1995	1996	1997	1998	1999	2000
몸무게(kg)	59.8	61.3	62.6	62.8	63.2	63.5	63.8	64.1	64.2

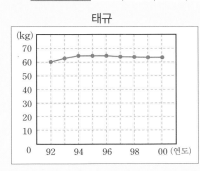

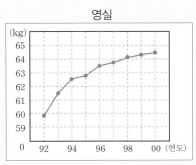

(1) 두 그래프의 가로, 세로축에서 다른 점은 무엇입니까?

(2) 눈금을 자세히 보지 않는다면, 태규가 그린 그래프는 어떻게 해석할 수 있습니까?

(3) 눈금을 자세히 보지 않는다면, 영실이가 그린 그래프는 어떻게 해석할 수 있습니까?

(4) 그래프를 해석할 때 무엇에 주의해야 합니까?

정답 (1) 두 그래프 모두 가로축은 연도, 세로축은 무게를 나타내고 있습니다. 하지만 세로축의 간격은 태규의 그래프에서는 한 눈금이 10kg, 영실이의 그래프는 1kg으로 10배 차이가 납니다.

(2) 꺾은선의 변화가 크지 않으므로, 10년 전이나 지금이나 중학교 1학년 남학생의 몸무게는 비슷하다고 해석할 수 있습니다.

(3) 그래프의 모양에서 그 변화 폭이 큽니다. 따라서 10년 전에 비해 지금의 중학교 1학년 남학생의 몸무게는 많이 늘어났다고 해석할 수 있습니다.

(4) 문제의 두 그래프만 보더라도, 같은 자료를 이용하여 그래프를 그렸습니다. 하지만, 가로, 세로축의 눈금을 어떻게 설정하느냐에 따라서 눈으로 보기에 다른 그래프처럼 보일 수 있습니다. 눈으로 쉽게 해석할 수 있는 것이 그래프의 장점이지만, 이것이 곧 단점이 될 수 있습니다. 그래프를 해석할 때는 전체적인 그림을 보는 것도 중요하지만, 더 정확히 해석하기 위해서는 눈금의 간격이나 가로, 세로축의 기준을 주의해서 해석해야 합니다.

다음은 해윤이의 일주일간 훌라후프 기록을 나타낸 꺾은선그래프
입니다. 이 그래프에서 잘못된 점은 무엇입니까? 바르게 나타내려
면 어떻게 해야 하는지 쓰시오.

해윤이의 훌라후프 기록

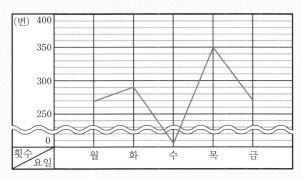

A.

정답 문제의 꺾은선그래프의 세로축은 한 눈금이 10번이고 0번과 250번 사이에 물결선을 사용하였습니다. 하지만 물결선과 상관없이 연결되어 그려져 있는 것을 알 수 있습니다. 물결선은 눈금의 생략뿐만 아니라 그래프 자체의 생략을 의미합니다. 물결선을 사용할 때는 그래프도 물결선 부분에서는 생략해야 합니다. 더 정확하게 나타내려면 물결선을 나타내지 않고 그리는 것입니다. 하지만 그래프의 크기나 종이의 크기를 고려한다면 물결선을 꼭 사용해야 할 때도 있습니다.

따라서 그래프를 정확하게 그리려면 아래와 같습니다.

해윤이의 훌라후프 기록

다음은 하나의 멀리뛰기 기록입니다. 이 그래프에서 잘못된 점은

무엇인지 쓰시오.

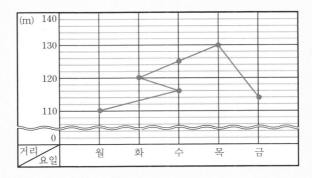

A.

풀이 33

정답 겉으로 보기에는 꺾은선그래프 같아 보이지만, 이것은 실제로 정확한 꺾은선그래프라고 볼 수 없습니다. 그 이유는 화요일의 기록을 보면 113m와 120m에 모두 점이 찍혀 있습니다. 이 중 어느 것을 읽어야 할지 알 수 없습니다. 그렇다고 화요일만 2번 기록을 재었다고 해석하기에는 무리가 있습니다. 마찬가지로 수요일도 2개의 기록이 있습니다. 화, 수요일에 두 번씩 기록을 재었다면 그 기록의 평균이나 더 잘 나온 기록을 선택하여 그래프를 그려야 합니다. 일주일간의 멀리뛰기 기록의 변화를 나타내기 위한 그래프라면 한 요일에 하나의 기록만을 나타내야 합니다.

다음은 애완견 사육 비용의 비율을 나타낸 막대그래프입니다. 물음에 답하시오.

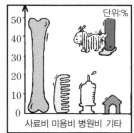

애완견 사육 비용

단위:%

사료비 미용비 병원비 기타

(1) 애완견 사육 비용에 포함되는 것에는 어떤 것이 있습니까?

(2) 이 그래프의 내용을 좀 더 보기 좋게 나타나려면 어떤 그래프로 바꾸는 것이 좋습니까?

(3) 위의 그래프를 보고, 앞으로의 사회에는 어떤 변화가 일어날지 예상해 보시오.

A.

풀이 34

정답 (1) 사료비, 미용비, 병원비, 기타 등이 있습니다.

(2) 문제의 그래프는 전체를 100으로 본 비율을 나타냈습니다. 비율을 나타낼 때는 원그래프나 띠그래프가 더 효과적입니다.

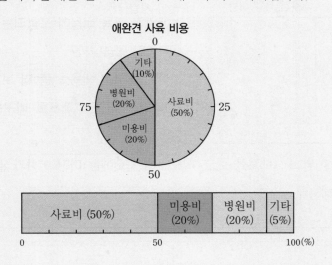

(3) 애완동물을 키우는 데 가장 많이 드는 비용은 사료비입니다. 따라서 애완동물 산업 중에서 사료 영역이 가장 많이 발전하리라 예상됩니다. 그리고 미용비와 병원비도 20%나 차지하므로 애견 미용사와 수의예과의 인기도 높아질 것 같습니다.

아버지의 나이는 올해 41세입니다. 형의 나이는 15세이고, 동생의
나이는 14세입니다. 아버지의 나이가 자녀들의 나이의 합과 같아
지는 해는 올해로부터 몇 년 후입니까?
아버지의 나이를 실선, 자녀 나이의 합을 점선으로 하는 그래프를
그려서 알아보시오.

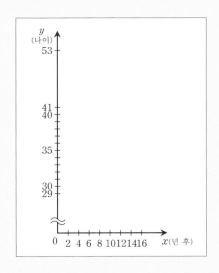

풀이 35

정답 아버지의 나이는 1년이 지나면 1살씩 더 많아 집니다. 따라서 올해는 41세이므로 41세에서 출발하여, 2년 후에는 43세, 4년 후에는 45세에 점을 찍고 각 점을 실선으로 연결합니다. 자녀들의 나이의 합은 올해 15＋14＝29세입니다. 자녀들의 나이의 합은 1년에 형 1살, 동생 1살씩 많아져 총 2살씩 많아집니다. 따라서 올해인 29에서 시작하여 2년 후 29＋4＝33세, 4년 후 37세,……가 됩니다.

그래프를 그리면 오른쪽과 같습니다. 두 그래프의 교점인 12년 후, 53세가 답이 되는 것을 알 수 있습니다.

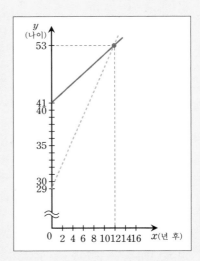

준상이는 이틀 동안 여행을 하였습니다. 그 중 $\frac{1}{3}$은 잠을 자고, $\frac{1}{6}$은 차를 탔으며, 4시간은 먹고, $\frac{1}{4}$은 유적지를 돌아보았고, 8시간은 할머니 댁에 있었습니다.

준상이가 여행 중 보낸 시간을 원그래프로 나타내 보시오.

준상이의 여행

0

A.

풀이 36

정답 먼저, 각 부분이 구성하는 비율을 구해야 합니다.

	사용 시간	비율	중심각의 크기
잠	$48 \times \dfrac{1}{3} = 16$	$\dfrac{1}{3}$	$360 \times \dfrac{1}{3} = 120°$
차로 이동	$48 \times \dfrac{1}{6} = 8$	$\dfrac{1}{6}$	$360 \times \dfrac{1}{6} = 60°$
식사	4	$\dfrac{4}{48} = \dfrac{1}{12}$	$360 \times \dfrac{1}{12} = 30°$
유적지 관람	$48 \times \dfrac{1}{4} = 12$	$\dfrac{1}{4}$	$360 \times \dfrac{1}{4} = 90°$
할머니 댁	8	$\dfrac{8}{48} = \dfrac{1}{6}$	$360 \times \dfrac{1}{6} = 60°$
합계	48시간	1	$360°$

준상이의 여행

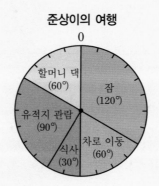

아래 그래프는 휴림이네 아파트에서 하루에 배출되는 쓰레기 300kg의 양을 조사하여 나타낸 그래프입니다. 물음에 답하시오.

종류별 쓰레기

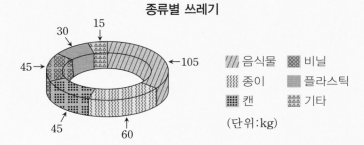

30   15
45→   ←105

45   60

/// 음식물   비닐
종이   플라스틱
캔   기타

(단위:kg)

(1) 가장 많은 양을 차지하는 쓰레기의 종류는 무엇입니까?

(2) 음식물 쓰레기의 양은 플라스틱 쓰레기의 양의 몇 배입니까?

(3) 종이와 캔은 재활용할 수 있습니다. 재활용 쓰레기는 전체의 몇 %입니까?

A.

풀 이 1

정답 (1) 음식물 쓰레기

(2) 3.5배

(3) 35%

풀이 (1) 그래프에서 가장 많은 영역을 차지하는 것을 확인합니다.

(2) 음식물 쓰레기는 105kg, 플라스틱 쓰레기는 30kg입니다.

따라서 $\dfrac{105\,kg}{30\,kg}=3.5$배 차이입니다.

(3) 종이는 60kg, 캔은 45kg입니다. 합하면 105kg입니다.

$\dfrac{105}{300}\times 100=35\%$입니다.

다음 막대그래프를 보고, 물음에 답하시오.

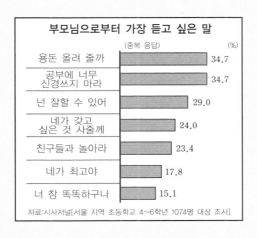

부모님으로부터 가장 듣고 싶은 말

(중복 응답)   (%)

용돈 올려 줄까	34.7
공부에 너무 신경쓰지 마라	34.7
넌 잘할 수 있어	29.0
네가 갖고 싶은 것 사줄께	24.0
친구들과 놀아라	23.4
네가 최고야	17.8
너 참 똑똑하구나	15.1

자료:시사저널[서울 지역 초등학교 4~6학년 1074명 대상 조사]

(1) 이 그래프의 주제는 무엇입니까?

(2) '넌 잘할 수 있어'를 선택한 학생은 몇 명입니까?

(3) 모든 대답의 %를 더하면 얼마입니까? 100%가 넘는다면, 그 이유는 무엇입니까?

(4) 이 그래프를 원그래프로 바꾸어 그릴 수 있습니까? 그 이유는 무엇입니까?

풀이 2

정답 (1) 초등학생 1074명을 대상으로 조사한 내용을 그래프로 나타낸 것으로 주제는 그래프의 제목인 '부모님으로부터 가장 듣고 싶은 말' 입니다.

(2) '넌 잘할 수 있어' 는 29%의 학생들이 선택했습니다.

그러므로 식을 세워보면, $1074 \times \dfrac{29}{100} ≒ 311$

약 311명의 학생이 이 답을 선택했습니다.

(3) 모든 대답의 %를 더하면,

$34.7 + 34.7 + 29 + 24 + 23.4 + 17.8 + 15.1 = 178.7\%$입니다.

응답의 비율을 전부 더하면 100%가 되어야 합니다. 하지만, 이 경우에는 중복 응답이 가능하기 때문에 한 사람이 1개 이상의 답을 할 수 있습니다. 따라서 1074명의 학생이 참여한 설문 조사지만 그 응답의 수는 1074개가 넘을 수 있습니다. 백분율도 마찬가지로 100%의 학생이 1개 이상의 답을 선택하여 100%가 넘는 것입니다.

(4) 원그래프는 전체 비율에 대한 부분의 비율을 나타내는 것입니다. 이 막대그래프는 백분율이라는 비율을 사용하고 있지만, 중복 응답이 가능하기 때문에 전체의 양이 정해져 있지 않습니다. 따라서 전체에 대한 부분의 비율을 나타낼 수 없기 때문에 원그래프로 바꿀 수 없습니다.

그래프를 보고, 다음 물음에 답하시오.

학급 문고의 종류

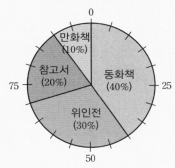

(1) 위와 같은 그래프를 무슨 그래프라고 합니까?

(2) 한 눈금은 몇 %를 나타냅니까?

(3) 동화책은 전체 학급 문고의 몇 %입니까?

A.

풀 이 3

정답 (1) 원그래프

(2) 5%

(3) 40%

풀이 (1) 그림그래프의 한 종류로 원 모양을 하고 있습니다. 이런 그래
프 '원그래프' 라고 하지요.

(2) 원그래프는 비율을 나타내는 그래프의 하나입니다. 전체 원을
100%로 보고 총 20개의 눈금으로 나누어져 있으므로
100%÷20칸＝5%이므로 한 눈금은 5%입니다.

(3) 한 눈금이 5%이고 동화책은 8칸을 차지하고 있습니다.
5%×8칸＝40%이므로 동화책은 전체의 40%입니다.

꺾은선그래프는 변화의 정도를 알아보기 쉽게 그린 그래프입니다.

다음 중 꺾은선그래프로 나타내기 적절한 것을 찾으시오.

① 우리 반 아이들이 좋아하는 음식

② 1년 동안 내 동생의 몸무게 변화

③ 국가별 쌀 생산량

④ 일주일 동안 강낭콩의 키

⑤ 도시별 월 평균 기온

⑥ 어느 도시의 인구 변화

A.

정답 꺾은선그래프로 표현하기 적절한 것은 변화의 정도를 나타내는 것이 필요한 것입니다. 문제에서 변화를 나타내야 하는 것은 ②, ④, ⑥입니다.

⑤은 한 도시의 월 평균 기온의 변화가 아니고 여러 도시의 기온의 변화이기 때문에 답이 될 수 없습니다.

다음 그래프를 보고, 물음에 답하시오.

6학년 2반 학생들의 혈액형

A형 (35%)	B형 (30%)	O형 (25%)	AB형 (10%)

0   100 (%)

(1) 그래프의 주제는 무엇입니까?

(2) 6학년 2반 학생들은 어느 혈액형이 가장 많습니까?

(3) 전체 길이가 10cm일 때, AB형의 띠는 몇 cm입니까?

풀이 5

정답 (1) 6학년 2반 학생들의 혈액형

(2) A형

(3) 1cm

풀이 (1) 그래프의 주제는 그래프의 제목과 같습니다.

(2) 띠그래프는 전체에 대한 각 부분의 비율을 나타낸 그래프입니다. 따라서 전체 띠 중에서 가장 많은 부분을 차지한 A형이 가장 많습니다.

(3) 100% 중에서 AB형은 10%이므로 전체의 $\frac{1}{10}$입니다. 10cm인 띠그래프에서 $\frac{1}{10}$은 1cm입니다. 따라서 AB형은 1cm를 나타냅니다.

다음은 현식이 동네 친구들의 부모님께서 하시는 일을 표로 나타낸 것입니다. 이를 막대그래프로 나타내 보시오.

직업	서비스업	회사원	상업	기타	합계
사람 수(명)	24	20	18	14	76

(1) 가로 눈금은 무엇을 나타내는 것이 좋습니까?

(2) 세로 눈금은 무엇을 나타내는 것이 좋습니까?

(3) 전체 눈금수가 15일 때, 한 눈금의 크기는 얼마가 좋습니까?

(4) 막대그래프로 나타내시오.

현식이네 동네 친구들의 부모님 직업

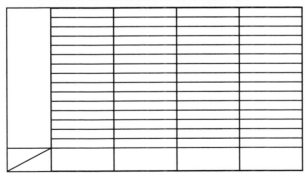

풀이 6

정답 (1) 직업   (2) 사람 수

(3) 사람 수가 가장 많은 직업은 서비스업 24명입니다. 전체의 눈금의 수가 15이므로 한 눈금당 한 명을 나타내면 15명이 최대가 되기 때문에 그래프를 완성할 수 없습니다.

따라서 한 눈금을 2명으로 나타내어야 합니다. 2명으로 나타내면 전체 30까지 나타낼 수 있고, 이는 최대 사람 수 24보다 크기 때문입니다.

(4)

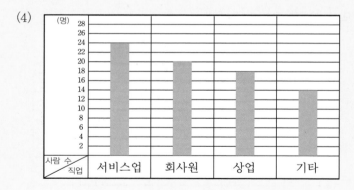

소아청소년 2672명을 대상으로 실시한 '소아청소년 정신 장애 유병률有病率 조사'를 표로 정리한 것입니다. 다음 물음에 답하시오.

진단범주		진단별 사례수	전체
행동장애	주의력결핍	351	678
	과잉행동장애		
	적대적 반항장애	300	
	품행장애	27	
불안장애	특정공포증	420	615
	사회공포증	71	
	분리불안장애	51	
	강박증	47	
	광장공포증	26	
기분장애	조증/경조증	32	52
	주요우울증	20	
기타장애	틱장애	114	155
	야간형 유뇨증	41	
정신분열증		1	1
물질 남용 및 의존	니코틴	5	6
	알코올	1	
	남용/의존		

(1) 조사한 전체 학생 중, 정신 장애를 가진 학생은 몇 명입니까?

(2) 정신 장애를 가진 학생 중, 각 정신 장애의 범주를 원그래프로 나타내 보시오.

정답 (1) 정신 장애를 갖고 있는 학생을 모두 더해 보면 알 수 있겠죠?

678＋615＋52＋155＋1＋6＝1507명입니다.

(2) 전체 학생 중에서 부분이 차지하는 비율을 나타낼 때는 원그래프가 효과적입니다. 정신 장애를 갖고 있는 전체 학생 1507명 중에서 각 진단범주의 비율을 구하면 아래와 같습니다.

진단범주	행동장애	불안장애	기분장애	기타장애	정신분열증	물질남용 및 의존
백분율(%)	45	41	3.5	10	0.1	0.4

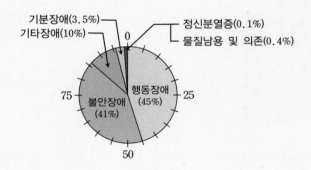

다음 표를 보고 질문에 답하고, 꺾은선그래프를 완성해 보시오.

요일	월요일	화요일	수요일	목요일	금요일	토요일	일요일
턱걸이 횟수(개)	7	10	11	13	17	18	19

(1) 가로 눈금에는 무엇을 나타내면 좋습니까?

(2) 세로 눈금에는 무엇을 나타내면 좋습니까?

(3) 세로 한 칸의 크기는 얼마로 하면 좋겠습니까?

(4) 꺾은선그래프를 그려 보시오.

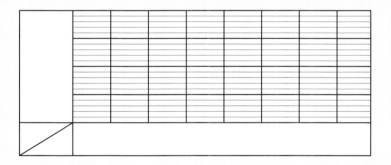

풀이 8

정답 (1) 가로는 변하는 기준이 되는 '요일'을 나타내는 것이 좋습니다.

(2) 세로는 변하는 양이 되는 '턱걸이 횟수'를 나타내면 됩니다.

(3) 모든 기록이 7~19 사이이므로 물결선을 사용하지 않고, 한 칸
을 1회로 나타내면 됩니다.

(4)

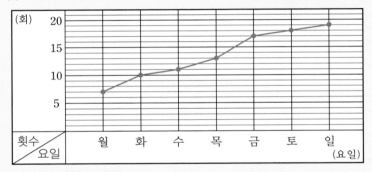

다음은 은실이네 학교 학생들의 장래 희망을 조사하여 나타낸 표입니다. 물음에 답하시오.

은실이네 학교 학생들의 장래 희망

장래 희망	연예인	선생님	의사	기타	합계
학생 수(명)	20		10		50
백분율(%)		30		10	

(1) 표의 빈칸을 채우시오.

(2) 표를 보고, 띠그래프를 완성하시오.

학생들의 장래 희망

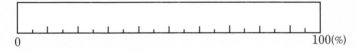

0   100(%)

A.

정답 (1) 선생님을 선택한 학생은 전체의 30%이므로, 50명 중의 30%

입니다. $50명 \times \dfrac{30}{100} = 15$명

기타를 선택한 학생은 전체의 10%이므로, 50명 중의 10%입니다.

$50명 \times \dfrac{10}{100} = 5$명입니다.

연예인의 백분율 $= \dfrac{20}{50} \times 100 = 40\%$

의사의 백분율 $= \dfrac{10}{50} \times 100 = 20\%$

모든 장래 희망의 백분율을 더하면 100%입니다.

장래 희망	연예인	선생님	의사	기타	합계
학생 수(명)	20	15	10	5	50
백분율(%)	40	30	20	10	100

(2) 띠에 표시된 눈금은 한 칸에 5%입니다. 각 직업이 차지하는

%에 맞도록 띠그래프를 그립니다.

연예인 (40%)	선생님 (30%)	의사 (20%)	기타 (10%)

0   100(%)

다음과 같이 점 p가 오른쪽으로 움직입니다. x는 선분 BP의 거리, y는 삼각형 ABP의 넓이를 나타냅니다. x와 y 사이의 함수식을 구하고, 그래프를 그리시오.

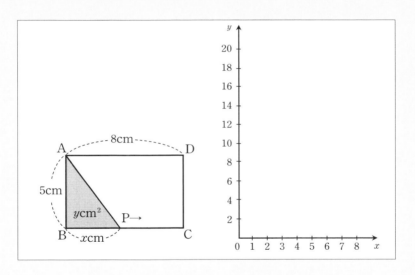

$\mathcal{A}.$

풀이 10

정답 x, y의 값을 표로 정리하면 다음과 같습니다.

x의 값(cm)	1	2	3	4	5	6	7	8
y의 값(cm²)	2.5	5	7.5	10	12.5	15	17.5	20

따라서 x와 y 사이의 함수식은 $y = \dfrac{5}{2}x$이고, 위 표를 그래프로 나타내면 다음과 같습니다. 이때 각 자연수의 사이에 있는 수도 모두 값을 가지므로 직선으로 연결시켜 줍니다.

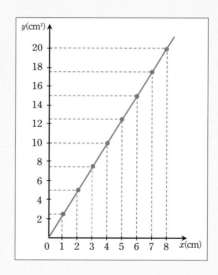

다음은 가로가 $x$cm, 세로가 $y$cm인 삼각형입니다. 이 삼각형의 넓이가 18cm^2라고 할 때, x와 y의 함수식을 쓰고 그래프를 그리시오.

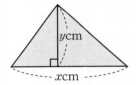

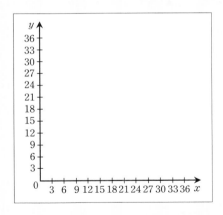

풀이 11

정답 삼각형의 넓이는 (가로의 길이)×(세로의 길이)×$\frac{1}{2}$로 구할 수 있습니다. 따라서 넓이가 18cm^2가 되려면 x, y의 곱은 36이 되어야 합니다. 즉, x와 y 사이의 함수식은 $xy=36$이고, x와 y의 값을 표로 정리하면 다음과 같습니다.

x의 값(cm)	1	2	3	4	6	9	12	18	36
y의 값(cm)	36	18	12	9	6	4	3	2	1

위 표를 그래프로 나타내면 다음과 같습니다. 이때, 각 자연수의 사이에 있는 수도 모두 값을 가지므로 선으로 연결시켜야 합니다.

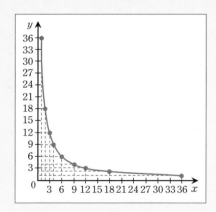

 **[문제 12]** – 4교시

다음 조건을 이용하여 함수그래프를 그리고, B난로를 사는 것이 이익이 되는 시간을 구하시오.

	가격(원)	특징
A난로	35,000	연료 1L를 넣으면 2시간 동안 작동됩니다.
B난로	60,000	연료 1L를 넣으면 3시간 동안 작동됩니다.

※연료 1L당 가격은 5,000원입니다. 비용에는 난로의 가격도 포함됩니다.

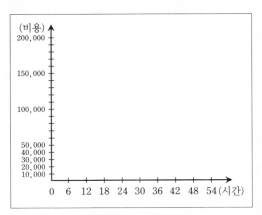

A, B난로의 비용 비교

정답 시간이 지남에 따라 각 난로에 드는 비용을 구해 봅니다.

	A난로				B난로		
시간	필요한 연료(L)	연료의 값 (원)	총 비용 (원)	시간	필요한 연료(L)	연료의 값 (원)	총 비용 (원)
6	3	15,000	50,000	6	2	10,000	70,000
12	6	30,000	65,000	12	4	20,000	80,000
18	9	45,000	80,000	18	6	30,000	90,000
24	12	60,000	95,000	24	8	40,000	100,000
30	15	75,000	110,000	30	10	50,000	110,000
36	18	90,000	125,000	36	12	60,000	120,000
42	21	105,000	140,000	42	14	70,000	130,000
48	24	120,000	155,000	48	16	80,000	140,000
54	27	135,000	170,000	54	18	90,000	150,000

함수그래프를 그리면 다음과 같습니다.

이 함수그래프에서 두 직선이 교점은 30시간이 되는 시점입니다.

이 시점 이후로 B난로에 드는 비용이 더 저렴해집니다. 따라서

30시간 이상 사용할 때 B난로를 사용하는 것이 더 이익입니다.

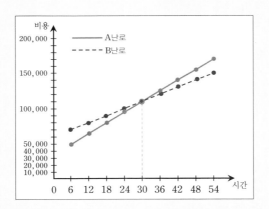

욱이네 학교는 이번에 TV를 모두 바꾸기로 하였습니다. TV는 한 대에 30만 원이고, 배달비는 1대 이상이면 10만 원이라고 합니다. 다음 그래프를 보고, 물음에 답하시오.

TV대수와 그 비용배달비 제외

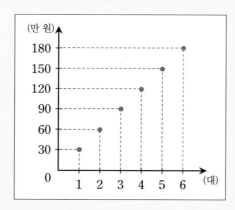

(1) 배달비를 제외한 함수식을 세워 보시오. TV수 x, 비용 y

(2) TV를 5대 주문하면, 배달비를 포함한 총 비용은 얼마입니까?

(3) 배달비를 포함한 함수식을 세워보시오. TV수 x, 비용 y

(4) 배달비를 포함한 총 비용을 그래프로 나타내시오.

$\mathcal{A}.$

정답 (1) 배달비를 제외하면 한 대당 30만 원이므로 $y=30x$단위 : 만 원

입니다.

(2) TV를 5대 주문하면, TV 값만 150만 원이고 배달비는 10만

원이기 때문에 총 비용은 160만 원입니다.

총 비용 $=(30×5)+10=160$만 원

(3) 배달비를 포함하면 순수한 TV 값에 10만 원을 더해야 합니

다. $y=(30×x)+10=30x+10$단위 : 만 원

(4) (3)의 식을 그래프로 나타내면 아래의 하늘색 점과 같습니다.

이는 배달비가 포함되지 않은 그래프와 비교해 보았을 때, x좌표

는 그대로이고 y좌표만 10만큼 이동한 것을 알 수 있습니다.

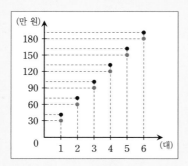

다음은 물 1000L가 든 수조의 물을 뺄 때, 시간이 지남에 따라 수조에 남은 물의 양을 나타낸 함수그래프입니다. 0~20분 사이에는 A와 B배수구를 모두 열었고, 20분 이후로는 A배수구만을 열었습니다. 다음 질문에 답하시오.

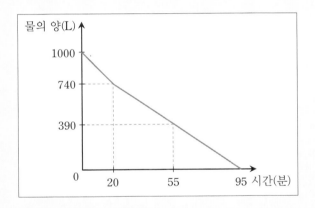

(1) 0~20분 동안은 1분에 몇 L씩 물이 빠졌습니까?

(2) 20~55분 동안은 1분에 몇 L씩 물이 빠졌습니까?

(3) A배수구만을 이용하여 물을 뺀다면 총 몇 분이 걸리겠습니까?

(4) B배수구만을 이용하여 물을 뺀다면 총 몇 분이 걸리겠습니까?

정답 (1) 0~20분, 즉 20분 동안 총 260L의 물을 뺐습니다. 260L를 20
분으로 나누면, 260L÷20분＝13L입니다. 따라서 0~20분 동안
에는 1분에 13L씩 물이 빠졌습니다.

(2) 20~55분, 즉 35분 동안 총 350L의 물을 뺐습니다. 350L를
35분으로 나누면, 350L÷35분＝10L입니다. 따라서 20~55분
동안에는 1분에 10L씩 물이 빠졌습니다.

(3) 먼저, 20~55분 동안에는 A배수구만을 사용하여 물을 뺐습니
다. 1분에 10L씩 빠지므로 A배수구만을 이용하면 총 1000L의
물을 빼려면 걸립니다.

(4) 0~20분 동안은 A, B배수구를 모두 이용하였습니다. 이때 1
분에 13L씩 빠졌는데, 이 중 10L는 A배수구를 통해 빠져 나갔
으므로 B배수구로는 1분에 3L씩 빠져나감을 알 수 있습니다. 따
라서 B배수구만을 이용하여 물을 뺀다면 1000L÷3분≒333분이
걸림을 알 수 있습니다.

다음은 형과 동생이 같은 출발점에서 같은 도착점까지 걸어서 이동한 거리를 나타낸 그래프입니다. 다음 물음에 답하시오.

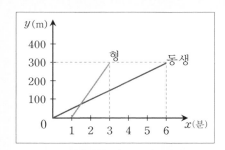

(1) 누가 먼저 출발하였습니까?

(2) 형과 동생은 중간에 만났습니까?

(3) 형과 동생의 도착점은 출발점에서 몇 m 떨어져 있습니까?

(4) 도착점에 누가 먼저 도착했습니까?

𝒜.

풀이 15

정답 (1) 동생의 그래프를 보면 이동 시작점이 0분과 0m입니다. 이것은 시간이 지나면서부터 바로 움직였다는 것을 뜻합니다. 이에 반해 형의 그래프를 보면 1분이 지나서야 직선이 시작합니다. 이것은 1분 동안은 이동거리가 없다는 것이므로 움직이지 않았다는 것입니다. 따라서 동생이 먼저 출발했음을 알 수 있습니다.

(2) 형과 동생의 출발점과 도착점이 같다면 중간에 같은 이동거리를 지나고 있을 때 만났다는 것을 알 수 있습니다. 그래프를 보면 한 점에서 두 직선이 만나고 있습니다. 이것은 곧 형과 동생이 중간에 한 번 만났음을 알 수 있습니다.

(3) 형과 동생의 끝점 모두 x걸린 시간값은 다르지만 y이동한 거리값은 같습니다. 이것은 시간은 다르더라도 같은 거리를 이동한 것이고, y값이 300m로 일정하므로 둘 다 이동한 거리는 300m임을 알 수 있습니다.

(4) 형과 동생 모두 이동한 거리는 300m로 동일합니다. 하지만 도달한 시간은 형은 3분, 동생은 6분으로 형이 먼저 도착했습니다.

다음은 민경이가 산의 정상까지 다녀오는 동안의 시간에 따른 '이동거리'와 '민경이가 있었던 높이'에 대한 그래프입니다. 물음에 답하시오.

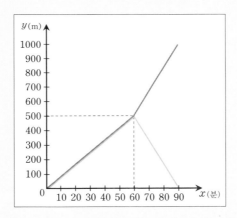

(1) 두 그래프 중에서 '이동거리'와 '민경이가 있었던 높이'는 각각 어떤 그래프일까요?

(2) 민경이가 오른 산의 높이는 몇 m입니까?

(3) 민경이가 산을 올라갈 때의 속도와 내려올 때의 속도는 각각 얼마입니까? 단, 속도$=\dfrac{거리}{시간}$

정답 (1) '이동거리' 는 민경이가 등산하는 동안 움직인 모든 거리를 말합니다. 즉, 산을 올라갈 때와 내려올 때 모두 포함됩니다. 따라서 청록색 그래프가 민경이의 '이동거리' 를 나타냅니다. 등산하는 동안 민경이의 이동거리는 계속해서 늘어나기 때문입니다.

'민경이가 있었던 높이' 는 산의 정상에 있을 때 가장 높고, 다시 아래로 내려왔을 때 낮아집니다. 따라서 밝은 파란색 그래프가 '민경이가 있었던 높이' 를 나타냅니다.

(2) 밝은 파란색 그래프를 보면 민경이가 500m높이에서 더 이상 올라가지 않았다는 것을 알 수 있습니다. 따라서 민경이가 오른 산의 높이는 500m입니다.

(3) 산을 올라갈 때는 500m높이를 60분 만에 올라갔습니다.

$$속도 = \frac{이동거리}{시간} = \frac{500m}{60분} = 8.333\cdots m/분이 됩니다.$$

산을 내려올 때는 500m높이를 30분 만에 내려왔습니다.

$$속도 = \frac{이동거리}{시간} = \frac{500m}{30분} = 16.666\cdots m/분이 됩니다.$$

다음은 티 전문 매장 두 곳의 티셔츠 가격입니다. A가게는 100 장 이하로 주문할 때는 300,000원이고 그 이상은 티셔츠는 한 장 당 2,000원입니다. B가게는 200장 이하로 주문할 때는 400,000 원이고 그 이상은 티셔츠는 한 장당 1,500원입니다. 물음에 답하 시오.

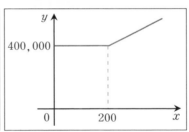

A 가게   B 가게

(1) 두 가게에서 각각 티셔츠 50장씩을 주문한다면 어느 가게가 더 저렴합니까?

(2) 티셔츠 150장을 주문할 때는 어느 가게가 더 저렴합니까?

(3) 두 그래프를 합쳐서 그려 보시오.

(4) 몇 장 이상일 때 B가게가 더 저렴합니까?

풀이 17

정답 (1) A가게

(2) 값이 같습니다.

(3)   **두 가게의 티셔츠 가격**

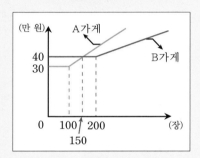

(4) 150장 이후

풀이 (1) 50장 샀을 때는 A가게와 B가게 모두 기본 가격을 내야하므로 A가게는 300,000원, B가게는 400,000원입니다.

따라서 A가게가 더 저렴합니다.

(2) A가게에서 150장을 산다면 100장 기본요금 300,000원에 추가 50장은 장당 2,000원씩을 더 지불해야 합니다.

$300000 + (2000 \times 50) = 400000$

즉 400,000원을 지불해야 합니다.

B가게는 200장까지 400,000원이기 때문에 150장을 주문해도 400,000원입니다.

따라서 150장을 주문할 때는 값이 같습니다.

⑷ 두 그래프의 교점인 150장 이상 사야 합니다. 150장 이후부터 는 청록색 그래프가 더 낮은 곳에 그려지기 때문입니다.

다음은 휴림이네 반 학생 40명의 신발 사이즈입니다. 그리고 이 표를 이용하여 그린 도수분포표와 줄기와 잎 그림입니다. 물음에 답하시오.

휴림이네 반 아이들의 신발 사이즈

240	235	240	235	225	245	215	240	245	235
245	250	270	265	215	240	240	235	235	240
220	245	215	235	250	250	235	220	225	250
215	230	225	230	260	255	245	230	235	240

도수분포표

신발 사이즈(cm)	학생 수(명)	
210이상~220미만	///	4
220~230	丅卅	5
230~240	丅卅 丅卅 /	11
240~250	丅卅 丅卅 //	12
250~260	丅卅	5
260~270	//	2
270~280	/	1
합계	40	40

줄기와 잎 그림

줄기	잎
21	5555
22	05505
23	50550550555
24	055050050500
25	00050
26	50
27	0

⑴ 240 이상~250 미만의 구간에 있는 학생 수를 알고자 할 때, 더 효과적인 것은 어느 것입니까?

⑵ 학생들의 신발 사이즈 분포를 한눈에 보려면 어느 것이 더 효과적입니까?

⑶ 하나하나의 자료도 알고 전체적인 분포도 보고자 한다면, 어느 것이 더 효과적입니까?

A.

정답 (1) 각 구간에 포함되어 있는 도수_{학생} 수를 알고자 할 때는 도수분
포표를 보는 것이 더 효과적입니다. 바로 숫자가 나와 있기 때문
입니다. 이에 비해 '줄기와 잎 그림'은 잎 부분에 몇 개의 숫자가
적혀 있는지를 세어 봐야 하기 때문에 불편합니다.

(2) '줄기와 잎 그림'은 각 줄기에 해당하는 잎들을 순서대로 붙여
놓은 것입니다. 따라서 히스토그램을 세워 놓은 것처럼 보입니
다. 전체적인 분포를 보고자 할 때는 '줄기와 잎 그림'을 이용하
는 것이 더 효과적입니다. 마치 그래프처럼 보이기 때문입니다.

(3) '줄기와 잎 그림'은 각각의 자료를 모두 알 수 있습니다. 22
뒤에 달려 있는 잎을 보면 '05505'입니다. 이것은 각각 '220,
225, 225, 220, 225'를 나타내기 때문입니다. 그리고 '줄기와 잎
그림'은 전체적인 분포를 볼 때도 아주 편리합니다.

다음에 제시되어 있는 각 주제를 막대그래프와 히스토그램으로 나타내려고 합니다. 각 주제와 어울리는 그래프를 찾아보시오.

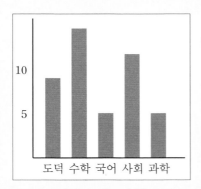

막대 그래프의 예

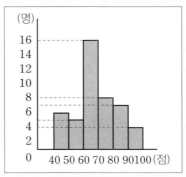

히스토그램의 예

① 아시아 8개국의 중산층 가족의 연평균 소득

② 가은이네 반 전체 학생들의 몸무게

③ 주사위를 30번 던졌을 때 나오는 눈의 횟수

④ 가은이네 반 전체 학생들의 혈액형

⑤ 가은이네 동네의 연령별 인구수

⑥ 하루 평균 TV 시청시간

풀이 19

정답 막대그래프와 히스토그램을 선택하는 기준은 자료의 성질입니다. 자료는 크게 연속형 자료와 비연속형 자료로 나눌 수 있습니다. 연속형 자료는 자료가 연속적인 수이거나 셀 수 없는 자료로, 히스토그램으로 나타냅니다. 비연속형 자료는 독립적인 성질을 갖고 셀 수 있는 자료를 말하고, 막대그래프로 나타냅니다.

① 아시아 8개국의 중산층 가족의 연평균 소득 : 그래프의 목적은 아시아 8개국을 서로 비교하는 데 있습니다. 따라서 막대그래프로 가로축에는 아시아 8개국, 세로축은 연평균 소득으로 정합니다.

② 가은이네 반 전체 학생들의 몸무게 : 가은이네 반 학생 개개인의 몸무게 비교가 아니라 가은이네 반 전체 학생들의 몸무게는 대체적으로 어떠한지를 확인하는 것이 목적입니다. 또한 '몸무게'라는 자료는 연속형 자료의 대표적인 예입니다. 이럴 때는 히스토그램을 사용하여 몸무게를 각 구간의 계급으로 나누어 표현해야 합니다.

③ 주사위를 30번 던졌을 때, 나오는 눈의 횟수 : 주사위 눈은 비연속형 자료입니다. 주사위 눈이 1.3이 나올 수는 없죠. 따라서

막대그래프를 이용하여 나타냅니다. 가로축은 주사위 눈 '1, 2, 3, 4, 5, 6'을, 세로축은 각 눈이 나온 횟수를 나타냅니다.

④ 가은이네 반 전체 학생들의 혈액형 : 혈액형도 비연속형 자료 중의 하나입니다. O, A, B, AB형으로 나누어지죠. 따라서 막대그래프를 사용합니다. 가로축은 O, A, B, AB형을, 세로축에는 각 혈액형에 속하는 학생 수를 나타냅니다.

⑤ 가은이네 동네의 연령별 인구수 : 기준이 되는 것은 '연령별'이 됩니다. 1살, 2살, 3살로 나타내고자 한다면 막대그래프를 이용해도 되지만 이렇게 되면 그래프가 옆으로 너무 길어집니다. 효과적으로 나타내기 위해서는 연령은 구간을 나누어 계급으로 표현해야 합니다. 따라서 가로축은 '연령대', 세로축은 각 연령대에 속하는 '사람 수'로 하는 히스토그램으로 나타냅니다.

⑥ 하루 평균 TV 시청시간 : TV 시청시간은 '연속형 자료'에 속합니다. 시간이라는 것은 연속적으로 흐르는 것이기 때문에 평균 시간이 한 시간, 두 시간으로 딱 나누어 떨어지기 힘들죠. 따라서 히스토그램으로 나타냅니다.

다음은 비연속형 자료를 연속형 자료로 바꾸는 과정입니다. 순서에 따라 아래 자료를 바꾸어 보시오.

은영 5권	민경 11권	해윤 2권	종만 4권	선태 10권
은실 4권	지애 3권	수연 7권	경분 7권	주동 9권
규태 12권	미애 0권	하나 8권	민지 2권	한서 4권
나진 7권	지영 12권	운영 14권	지웅 12권	화랑 5권

① 자료의 전체 범위를 구한다.

  – 가장 적은 (   )권에서부터 가장 많은 (   )권이 범위가 됩니다. 범위는 '(~   )' 입니다.

② 범위를 크게 몇 부분으로 나눌지 정한다.

  – '0~14' 를 한 계급을 3으로 하여 (   )계급으로 나눈다.

계급 (이상~미만)	해당되는 사람
0~3	미애, 해윤, 민지
( )	은영, 은실, 지애, 종만, 한서, 화랑
( )	나진, 수연, 하나, 경분
( )	민경, 선태, 주동
12~15	규태, 지영, 운영, 지웅

③ 계급은 하나의 연속형 자료로 보고 그래프를 그린다.

– 이때에는 그래프의 막대 사이에 거리가 없는 히스토그램 형식이어야 합니다.

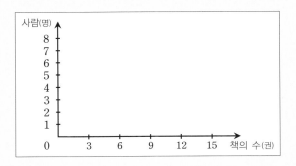

A.

풀이 20

정답 자료를 바꾸면 비연속형 자료도 연속형 자료로 그릴 수 있습니다. 자료의 성질이 변한 만큼 그릴 수 있는 그래프의 모양도 변하게 됩니다. 빈칸을 채우면 아래와 같습니다.

– 가장 적은 (0)권에서부터 가장 많은 (14)권이 범위가 됩니다. 범위는 '(0~14)'입니다.

– '0~14'를 한 계급을 3으로 하여 (5)계급으로 나눈다.

– 계급은 0~3, (3~6), (6~9), (9~12), 12~15입니다.

– 히스토그램으로 나타내면 아래와 같습니다.

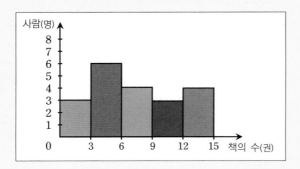

다음은 민지네 반 40명의 높이뛰기 기록입니다. 다음 질문에 답하시오.

민지네 반 학생의 높이뛰기 기록

150	149	139	146	155	147	158	139	138	156
158	146	155	159	153	150	137	169	135	149
161	162	164	142	169	155	158	165	153	150
166	167	152	168	156	141	163	148	140	145

(1) 위의 자료 중 가장 큰 값과 작은 값은 어느 것입니까?

(2) 위의 자료를 계급이 5개인 도수분포표로 나타내려고 합니다. 각 계급을 나누어 보고, 도수분포표를 완성하여 봅시다.

민지네 반 학생의 높이뛰기 도수분포표

계급	계급의 범위	도수(/)	도수(명)
1			
2			
3			
4			
5			
합계			40

풀이 21

정답 (1) 가장 큰 값은 169, 작은 값은 135입니다.

(2) 가장 큰 값과 작은 값의 차이는 34입니다. 계급이 5개로 나눠

므로 한 계급 당 약 7씩 차이가 나도록 해야 합니다.

$$한 \ 계급의 \ 범위 = \frac{가장 \ 큰 \ 값과 \ 작은 \ 값과의 \ 차이}{전체 \ 계급의 \ 개수}$$
$$= \frac{34}{5} = 6.8$$

계급	계급의 범위	도수(/)	도수(명)
1	135이상~142미만	7/// //	7
2	142~149	7/// /	6
3	149~156	7/// 7/// /	11
4	156~163	7/// ///	8
5	163~170	7/// ///	8
합계			40

다음은 선중이네 반 35명의 국어 성적입니다. 물음에 답하시오.

54	80	83	42	86	63	63	71	84	77
59	90	73	81	76	56	81	51	94	66
73	88	89	87	56	84	61	78	83	91
58	50	82	57	85					

(1) 위의 자료를 이용하여, 계급의 수를 7, 첫 계급구간의 시작점을 39.5로 하여 도수분포표를 작성하시오.

(2) 도수분포표를 이용하여 히스토그램을 그리시오.

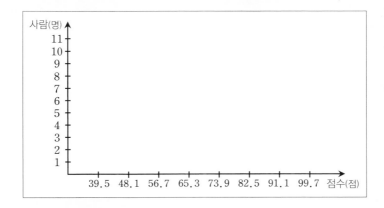

풀이 22

정답 (1) 계급의 시작점은 39.5점이고, 계급의 범위는 $100 - 39.5$ $= 60.5$입니다. 60.5를 7계급으로 나누어야 하므로 한 계급은 $60.5 \div 7 \fallingdotseq 8.6$입니다.

계급	계급구간	도수(/)
1	39.5~48.1	1
2	48.1~56.7	5
3	56.7~65.3	6
4	65.3~73.9	4
5	73.9~82.5	7
6	82.5~91.1	11
7	91.1~99.7	1
합		35

(2)

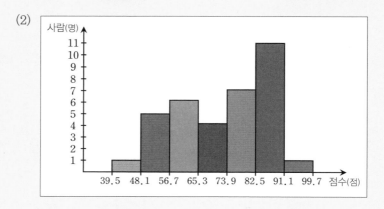

다음은 유현이네 학교 학생 100명을 대상으로 한 10점 만점의 수학 성적과 과학 성적의 상관표입니다. 수학 성적과 과학 성적의 점수 차가 3점 이상인 학생들은 전체의 몇 %입니까?

과학＼수학	4	5	6	7	8	9	10	합계
10		1	2	3		6	3	15
9		1			2	11		14
8			2	1	3	8	2	16
7			1		10	10		21
6		1	3	2	4	8	1	19
5			2		7			9
4	1				5			6
합계	1	3	10	6	31	43	6	100

A.

풀이 23

정답 3점 이상이면 3점도 포함됩니다. 따라서 아래 표에서 수학과 과학 성적의 차가 3점 이상인 부분을 색칠해 보았습니다.

색칠된 칸의 숫자를 다 더하면 $1+1+2+3+7+5+8+1=28$ 입니다. 전체 100명 중 28명은 28%입니다.

수학 과학	4	5	6	7	8	9	10	합계
10		1	2	3		6	3	15
9		1			2	11		14
8			2	1	3	8	2	16
7			1		10	10		21
6		1	3	2	4	8	1	19
5			2		7			9
4	1				5			6
합계	1	3	10	6	31	43	6	100

다음은 소은이가 조사한 자료를 통해 얻은 결론입니다. 이것을 모든 정보가 포함된 복합 그래프로 나타내시오.

〈주제〉 쌀 생산량 및 1인당 소비량

① 1980년 – 쌀 생산량 3,550톤, 쌀 1인당 소비량 132kg

② 1985년 – 쌀 생산량 5,620톤, 쌀 1인당 소비량 128kg

③ 1990년 – 쌀 생산량 5,600톤, 쌀 1인당 소비량 119kg

④ 1995년 – 쌀 생산량 4,600톤, 쌀 1인당 소비량 100kg

⑤ 2000년 – 쌀 생산량 5,290톤, 쌀 1인당 소비량 88kg

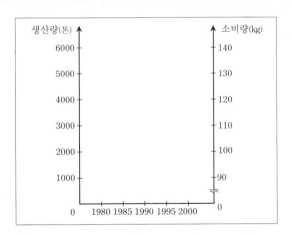

정답 복합그래프로 나타낼 때 모든 눈금을 나타내야 하는 것에 주의합니다. 그리고 두 가지 자료를 하나씩 나타내야 하죠.

이 문제에서는 ① 쌀 생산량과 ② 쌀의 1인당 소비량 두 가지 자료가 있습니다. 두 가지 자료를 모두 꺾은선그래프로 나타내어도 되고요. 헷갈릴 수 있으니 아래처럼 하나는 막대그래프로, 하나는 꺾은선그래프로 나타내도 좋답니다. 아래는 문제의 자료를 나타낸 복합 그래프입니다. 여러분이 그린 그래프와 비교해 보세요.

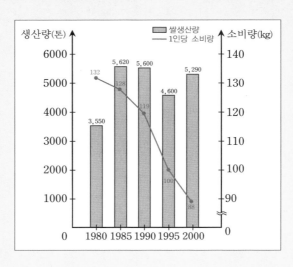

다음은 혜원이가 조사한 자료를 정리하여 얻어낸 결론입니다. 이 것을 모든 정보가 포함된 꺾은선그래프로 나타내어 봅시다.

· 여자 1000명을 대상으로 '흡연을 하고 있는가?'를 주제로 조사하였다.

· 1000명 중 중고생이 500명, 성인이 500명이었다.

① 중고생 500명

· 중학교 1학년은 '흡연을 하고 있다'가 6%이다.

· 중학교 2학년은 '흡연을 하고 있다'가 7%이다.

· 중학교 3학년은 '흡연을 하고 있다'가 6.5%이다.

· 고등학교 1학년은 '흡연을 하고 있다'가 6%이다.

· 고등학교 2, 3학년은 '흡연을 하고 있다'가 모두 5%이다.

② 성인 500명

· 20대 성인들은 '흡연을 하고 있다'가 5%이다.

· 30대, 40대 성인들은 '흡연을 하고 있다'가 4%이다.

· 50대 성인들은 '흡연을 하고 있다'가 4.5%이다.

풀이 25

정답 문제의 정보를 모두 나타내면서 하나의 그래프 틀에 그리려면 꺾은선 두 개로 표현해야 합니다. 이렇게 한 그래프에 2개 이상의 정보가 들어가 있는 경우를 복합그래프라고 합니다. 그릴 때 눈금을 모두 나타내도록 주의합니다. 기준이 다르기 때문에 중 1, 2, 3, …과 20대, 30대, 40대, 50대와 같은 모든 눈금을 다 표시해야 합니다. 하지만 이 순서는 그리 중요하지 않습니다. 읽는 사람들이 찾아서 읽을 수 있게만 표시해 주면 되기 때문입니다. 정보를 각각의 꺾은선그래프로 나타내면 아래와 같습니다. 성인 여성들보다 중·고등학교 여학생들의 흡연율이 더 높군요!

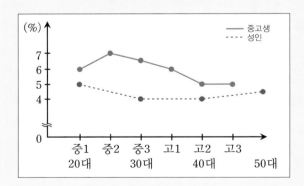

다음은 수능시험 등급제를 나타낸 정규분포곡선입니다. 물음에 답하시오.

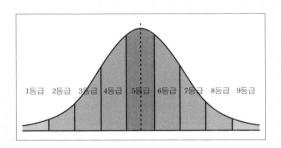

1등급 2등급 3등급 4등급 5등급 6등급 7등급 8등급 9등급

등급	1	2	3	4	5	6	7	8	9
비율(%)	4	7	12	17	20	17	12	7	4

(1) 1등급을 받은 학생은 전체의 몇 %입니까?

(2) 어떤 학생의 점수가 상위 35% 위치에 있다면 몇 등급을 받습니까?

(3) 7등급 이상의 학생은 전체의 몇 %입니까?

정답 (1) 4%

(2) 4등급

(3) 23%

풀이 (1) 1등급 학생의 비율은 표를 보면 알 수 있습니다. 전체의 4%입
니다.

(2) 1등급 4%, 2등급 7%, 3등급 12%, 4등급 17%입니다. 1등
급에서 3등급까지 모두 더하면 23%이고, 1등급에서 4등급까지
모두 더하면 40%입니다. 학생의 점수가 35%의 위치에 있다면
4등급임을 알 수 있습니다.

(3) 7등급 이상은 7, 8, 9등급을 의미합니다. 각각의 %를 더해
주면 12＋7＋4＝23%입니다.

다음은 종성이네 초등학교 전교 700명 학생들의 키를 나타낸 분포곡선입니다. 3년 뒤의 분포곡선은 어느 것일까요?

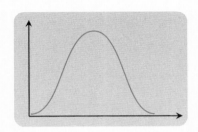

①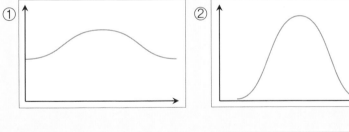

②

③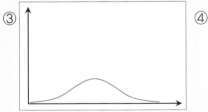

④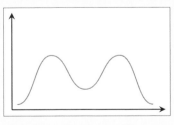

정답 ②

풀이 종성이는 초등학생입니다. 초등학생들은 하루가 다르게 키가 크죠. 그렇다면 그래프는 전체적으로 오른쪽으로 이동합니다. 그리고 키는 평균을 중심으로 정규분포곡선을 따르는 대표적인 예입니다. 따라서 정규분포곡선은 그대로 유지되고, 그 위치만 오른쪽으로 움직이는 ②번 그래프가 정답입니다.

①번은 정규분포곡선의 형태를 따르기는 하지만 분포곡선이 둘러싸고 있는 전체 넓이를 비교했을 때 기존의 것보다 훨씬 더 넓어졌음을 알 수 있습니다. 3년 사이에 학생이 이렇게 많이 늘지는 않습니다.

③번은 700명의 학생 수가 반 정도로 줄어든 것입니다.

④번은 키의 중간 부분이 없어지고, 작은 학생과 큰 학생만 늘어난 것입니다. 모든 학생이 일반적으로 키가 컸다면 이런 그래프는 나타나지 않습니다.

다음은 서울시 학생의 수학 진단평가 결과를 나타낸 정규분포곡선입니다. 국어 시험에 대한 정보를 보고 국어 시험의 정규분포곡선을 완성해 보시오.

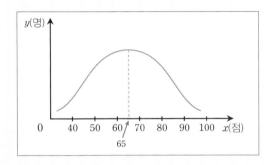

〈국어 시험〉

· 수학보다 평균이 5점 높습니다.

· 수학보다 분산도가 더 작습니다.

· 전체 응시자 수는 같습니다.

정답 수학 시험 점수의 정규분포를 보고 국어 시험 점수의 정규분포곡선을 예상할 수 있습니다. 수학 시험보다 평균이 5점 높다고 했으므로 정규분포곡선의 봉우리 부분은 70점이 되어야 합니다. 그리고 분산도가 더 작다고 했으므로 평균으로부터 밀집되어 있는 정도가 심합니다. 따라서 정규분포곡선의 봉우리가 더 높고 가팔라야 합니다. 그리고 전체 응시자 수는 같으므로 두 곡선과 x축이 만나 생기는 도형의 넓이는 같아야 합니다. 따라서 아래와 같이 그릴 수 있습니다.

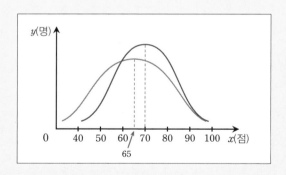

다음은 '나라별 공공 도서관의 수'에 관한 막대그래프입니다. 이 그래프를 보고 소은이는 기사를 썼습니다. 그러나 선생님께서는 좋은 기사가 아니라고 하셨습니다. 그 이유는 무엇일까요?

2008년 7월 1일

한국, 독서 환경 열악!

우리나라의 공공 도서관 수 는 다른 선진국들에 비하면 아주 적습니다. 무려 미국과

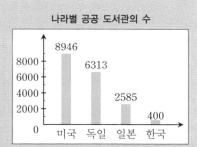

나라별 공공 도서관의 수

는 20배 이상의 차이가 납니다. 부모님과 선생님은 독서를 많이 해야 한다고 하십니다. 하지만 도서관의 숫자가 턱없이 모자라서 독서를 할 수 있는 환경이 조성이 안 되었습니다. 우리나라도 더 많이 공공 도서관을 지어서 하루 빨리 좋은 독서 환경을 만들어 주었으면 좋겠습니다.

— 최소은 기자

정답 미국, 독일, 일본과 우리나라의 공공 도서관 수를 비교하면 한국
이 아주 적다는 것은 사실입니다. 하지만 소은이와 같이 주장하기
에는 근거가 부족합니다.

가장 먼저, 이 막대그래프는 눈에 보이는 도서관의 수만을 세어
서 나타낸 그래프입니다. 미국, 독일, 일본은 우리나라에 비해 면
적이 큽니다. 그리고 인구도 많습니다. 소은이가 말한 독서 환경
을 비교하기 위해서는 '면적당 도서관의 수' 나 '인구당 도서관의
수' 라는 자료를 사용해야 합니다. 도서관의 수는 우리나라가 적
을지 모르나, 인구나 면적에 따른 도서관의 수는 확신할 수 없습
니다. 따라서 소은이가 쓴 기사는 도서관의 수만을 이용하여 독
서 환경을 평가하기 때문에 좋은 기사가 될 수 없습니다.

다음은 'TV, 컴퓨터 사용 시간과 소아비만 위험과의 관계'와 '컴퓨터 게임 지속 시간에 따른 눈 깜박임 횟수의 변화'를 나타낸 꺾은선그래프입니다. 다음 질문에 답하시오.

소아비만 초래하는 위험요인
(단위:%, 비만율 : 비만위험도)

엄마의 직장유무	전업주부	5.7
	직장여성	11.9
부모의 비만여부	정상부모	5.7
	비만부모	12.3
아침결식 여부	아침식사	7.9
	아침결식	11.2
TV · 컴퓨터 사용	2시간 이하	1.0
	2~3시간	2.0
	4~5시간	1.9
	6~7시간	3.1
	8시간 이상	4.7

TV · 컴퓨터 사용은 2시간 이하 위험을 1로 정할 경우의 상대 위험도

컴퓨터 게임 지속 시간에 따른 눈 깜박임 횟수의 변화
(단위:10분당 눈 깜박임 횟수)

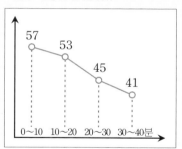

57   53   45   41

0~10 10~20 20~30 30~40분

(1) TV나 컴퓨터를 사용하는 시간이 늘어나면 비만 위험도는 어떻게 됩니까?

(2) 컴퓨터 게임 지속 시간이 길어질수록 눈 깜박임 횟수는 어떻게 변합니까? 이는 무엇을 의미합니까?

(3) 두 그래프를 보고 기사를 써 봅시다.

풀이 (1) TV나 컴퓨터 사용 시간이 늘어나면서 비만의 위험도가 크게 4배까지 증가하는 것을 볼 수 있습니다.

(2) 컴퓨터 게임 지속 시간이 길어질수록 눈 깜박임 횟수는 줄어듭니다. 이것은 컴퓨터 게임을 할 때 눈을 자주 깜박이지 않는다는 것을 의미합니다. 눈을 깜박이지 않으면 안구가 건조해지고 안과 질병을 유발하거나 시력을 저하시킬 수 있습니다.

(3) 예시 정답

TV나 컴퓨터와 같이 영상물을 오랫동안 보고 있으면 건강에 해로운 것으로 조사되었습니다. 컴퓨터 게임을 오래 할수록 눈 깜박임 횟수가 줄어들어 안과 질병에 걸리거나 시력이 나빠질 위험이 있습니다. 또한, 오랫동안 컴퓨터나 TV를 보게 되면 그 시간 동안 운동이나 다른 활동을 할 수 없으므로 비만의 위험도가 높아지는 것을 알 수 있습니다. 한창 자라는 청소년들의 컴퓨터나 TV 시청 시간을 조절하여 건강을 유지해야 합니다.

다음 두 그래프를 보고, 다음 질문에 답하시오.

증가하는 여성 연상 부부

12.3	
12.1	12.2
11.9	
11.7	
11.6	
11.3	

2001년 '02 '03 '04 '05

자료: 통계원

여성의 연령별 경제 활동 참가율

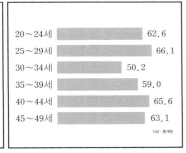

20~24세	62.6
25~29세	66.1
30~34세	50.2
35~39세	59.0
40~44세	65.6
45~49세	63.1

자료: 통계원

(1) 여성이 연상인 부부의 비율은 어떻게 변하고 있습니까?

(2) 여성의 연령별 경제 활동 참가율에서 30~34세 때 급격히 줄
어드는 이유는 무엇이라고 생각합니까?

(3) 두 그래프를 보고 기사를 써 봅시다.

A.

정답 (1) 여성이 연상인 부부의 비율은 2001년 이후 꾸준히 증가하는 추세에 있습니다.

(2) 여성이 30~34세 즈음이 출산과 육아로 가장 바쁜 시기이기 때문입니다. 여성이 30~34세일 때, 자녀들이 어리기 때문에 여성들이 가정에서 육아를 담당하게 됩니다. 아이가 조금 크는 35~39세 이후로는 다시 증가하는 추세를 보입니다.

(3) 여성이 연상인 부부의 비율이 증가하는 것으로 보아 과거의 전통적인 결혼관이 많이 바뀌었다는 것을 알 수 있습니다. 그리고 2~30대 여성들의 반 이상이 경제 활동을 하고 있습니다. 이는 여성들의 사회 참여율이 높아지고 있음을 의미합니다. 여성들이 경제 활동에 적극적으로 참여하기 때문에 결혼이 늦어져 자연스럽게 여성이 연상인 부부가 늘어나고 있다고 볼 수 있습니다.

다음은 1980년대 이후의 학생들의 진학률을 나타낸 것입니다. 물음에 답하시오.

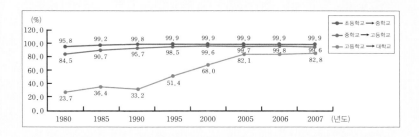

(1) 1980년대부터 지금까지 초등학교에서 중학교로 진학하는 비율은 어떠합니까?

(2) 세 꺾은선 중에서 변화가 가장 큰 것은 무엇입니까? 그리고 그 변화는 어떠합니까?

(3) 2005년 이후의 진학률을 통해 알 수 있는 사실은 무엇입니까?

A.

정답 (1) 30년이 지나는 동안 초등학교에서 중학교로 진학하는 진학률
은 95% 이상으로 증가하기는 했지만 그 폭이 아주 작습니다. 따
라서 과거와 지금 모두 초등학교에서 중학교로는 대부분의 학생
이 진학하는 것을 알 수 있습니다.

(2) 고등학교에서 대학으로 진학하는 경우의 진학률이 변화가 가
장 큽니다. 1990년 이후 큰 폭으로 증가하다가 2005년부터 약
80%로 일정 수준에 도달합니다.

(3) 세 꺾은선 모두 80~90%대의 진학률을 보이고 있습니다. 이
것은 대부분의 학생이 초등학교-중학교-고등학교-대학교의 과
정을 밟는다는 것으로 추리할 수 있습니다.

다음 그래프는 초등학생이 받고 싶은 졸업 선물에 대한 그래프입니다. 이 그래프에서 잘못된 점은 무엇인지 쓰시오.

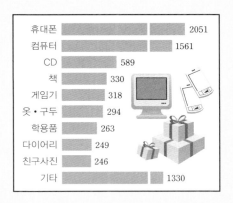

휴대폰	2051
컴퓨터	1561
CD	589
책	330
게임기	318
옷·구두	294
학용품	263
다이어리	249
친구사진	246
기타	1330

A.

정답 문제의 그래프와 같이 생략된 부분이 있는 그래프를 읽을 때는 아주 조심해야 합니다. 실제로 휴대폰을 선택한 학생과 CD를 선택한 학생은 3배가 훨씬 넘는 차이를 보이고 있습니다. 하지만 그림의 막대만 비교하면 2배가 조금 넘는 것으로 보입니다. 그리고 휴대폰과 컴퓨터를 비교해도 약 500명 정도가 차이 나지만 그래프의 막대에서는 거의 차이가 나지 않는 것으로 보입니다.

위의 그래프처럼 각 항목의 크기 차이가 많이 나서 생략하였을 때는 주의해서 읽어야 합니다. 그래프를 그릴 때도 이처럼 오해할 가능성이 없도록 그려야 합니다.

다음 그래프에서 잘못된 점은 무엇입니까?

사전 선거 운동 적발 실적(단위:건)

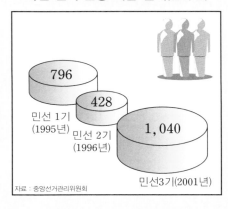

796

428

1,040

민선 1기
(1995년)

민선 2기
(1996년)

민선3기(2001년)

자료 : 중앙선거관리위원회

A.

정답 사전 선거 운동의 실제 건수만을 비교해 봅시다. 민선 1기는 796 건, 2기는 428건, 3기는 1040건입니다. 1기는 2기의 약 1.8배입 니다. 3기는 2기의 약 2.4배입니다. 하지만 그림의 원기둥을 보면 2기와 3기의 원기둥의 크기 차이가 2배보다 훨씬 많이 나는 것처 럼 보입니다.

이 그래프에서는 원기둥의 높이만을 고려해서 그렸지만, 우리가 실제로 눈으로 볼 때는 원기둥의 크기를 보게 됩니다. 이런 오해 를 없애기 위해서 부피의 비로 나타내거나, 막대그래프와 같이 오해의 소지가 없는 그래프로 바꾸어 그려야 합니다.

다음은 1천 명당 승용차 보유 수를 나타낸 그래프입니다. 다음 그래프에서 문제점은 무엇일까요?

승용차 보유 수(1천 명당)

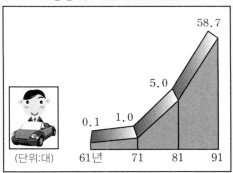

58.7

5.0

0.1   1.0

(단위:대)

61년   71   81   91

A.

풀이 35

정답 61년과 71년을 비교해 보았을 때, 0.1과 1로 10배 차이가 나지만 그림으로 보기에는 큰 차이가 나지 않는 것으로 보입니다. 마찬가지로 81년과 91년에도 11배 이상 차이 나지만 그림상으로는 2배 정도밖에 차이가 나지 않습니다.

그래프는 눈으로 쉽게 정보를 파악할 수 있어야 하고, 그 정보도 정확해야 합니다. 하지만 이 그래프는 증가하고 있다는 정보만 정확히 주고 있을 뿐, 세세한 차이는 정확히 알려주고 있지 않습니다.

따라서 실제의 숫자 차이를 그래프에 더 정확하게 나타내야 합니다. 그러기 위해서는 가로, 세로 눈금을 이용하거나 물결선을 이용하여 보는 사람에게 정확한 정보를 제공해야 합니다.

다음은 주 5일제 시행 이후 직장인들의 여가 활용 선호도를 나타 낸 막대그래프입니다. 그래프를 보고, 물음에 답하시오.

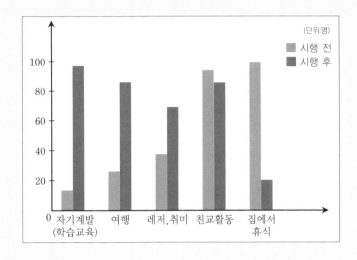

(1) 주 5일제 시행 전후 여가 시간에 가장 많이 한 것은 각각 무엇 입니까?

(2) 주 5일제 시행 전후를 비교해 보았을 때 사회에서는 어떤 변 화가 나타났을까요?

정답 (1) 주 5일제 시행 전에는 '집에서 쉬는 것' 이 가장 많았고, 주 5일
제 시행 후에는 '자기계발' 을 하는 사람이 가장 많습니다.

(2) 주 5일제 시행 전에는 일주일 동안의 피로를 풀기 위해 절반에
가까운 사람이 집에서 쉬는 것을 선택했으나 주 5일제 시행 후에
는 자기계발, 여행, 레저, 취미 등 좀 더 의미 있고 적극적인 인생
을 살고 있는 것을 알 수 있습니다. 따라서 직장인을 위한 학원이
나 동호회가 활성화되었을 것이고, 주말 동안 하고 싶은 일들을
많이 하면서 평소의 직장 생활에서 능률도 올랐을 것으로 예상됩
니다.

다음 원그래프를 보고, 물음에 답하시오.

밀가루의 영양소

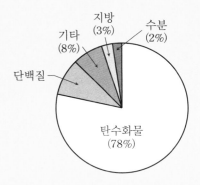

(1) 밀가루 속에 단백질은 몇 % 들어 있습니까?

(2) 밀가루 300g 속에는 탄수화물이 몇 g 들어 있습니까?

(3) 이 원그래프를 20cm 띠그래프로 나타낸다면, 지방은 몇 cm 로 나타내야 합니까?

풀이1

정답 (1) 원그래프는 전체가 100%이므로, 탄수화물, 단백질, 지방, 수분, 기타의 성분을 모두 합하면 100%가 됩니다.

$$78\% + \boxed{} + 3\% + 2\% + 8\% = 100\%, \quad 100 - 91 = 9$$

따라서 밀가루에서 단백질은 9%가 들어있습니다.

(2) 원그래프는 비율그래프입니다. 탄수화물은 전체 100% 중에서 78%를 차지합니다. 이때, 밀가루가 300g이라면 78%가 탄수화물이 됩니다.

$300g \times \dfrac{78}{100} = 234g$이므로 밀가루 300g 속에 탄수화물은 234g이 들어있습니다.

(3) 지방은 전체의 3%를 차지합니다. 문제에서 제시한 띠그래프의 전체는 20cm입니다. 이때에도 3%는 지방이 됩니다. 3%를 분수로 나타내면 $\dfrac{3}{100}$입니다.

$20cm \times \dfrac{3}{100} = 0.6cm$

따라서 원그래프를 띠그래프로 바꾸면 지방은 0.6cm로 그려야 합니다.

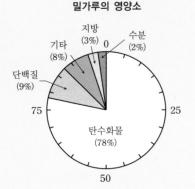

밀가루의 영양소

지방
(3%)
수분
(2%)
기타
(8%)
단백질
(9%)
탄수화물
(78%)
0
25
50
75

다음 그래프를 보고, 물음에 답하시오.

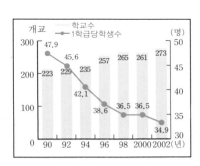

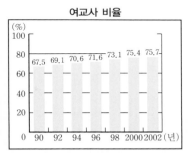

(1) 1990년대 이후 학교 수는 어떻게 변하였나요? 구체적인 수는

어떻습니까?

(2) 한 학급당 학생 수는 어떻게 변하였나요?

(3) 해가 갈수록 여교사의 비율은 어떻게 변하였나요?

(4) 전체 교사가 4000명이라면 98년 남교사는 몇 명입니까?

(5) 이 지역의 교육 환경은 앞으로 어떻게 변하게 될까요?

정답 (1) 대체로 증가하였습니다. 1990년에서 2002년까지 50개의 학교가 늘어났습니다.

(2) 한 학급당 학생 수는 큰 폭으로 감소하고 있습니다.

(3) 미약하긴 하지만 꾸준히 증가하고 있습니다.

(4) 98년에는 여교사가 73.1%입니다. 남교사는 26.9%입니다. 전체 교사가 4000명일 경우

$4000 \times \dfrac{26.9}{100} = 1076$이므로, 남교사는 1076명입니다.

(5) 학교 수는 증가하기 때문에 학교끼리의 거리가 가까워집니다. 이는 학생들의 통학 거리가 단축된다는 것을 의미합니다. 학급당 학생 수는 감소하고 있습니다. 따라서 한 교사가 맡아야 하는 학생 수가 줄어들기 때문에 더 많은 관심을 가질 수 있어 교육 환경이 좋아질 전망입니다.

하지만 여교사의 비율이 늘어나기 때문에 앞으로 학교에서 여교사를 더 많이 보게 될 전망입니다. 이는 반대로 남교사를 보기 힘들다는 것을 의미합니다.

다음 꺾은선그래프를 보고 물음에 답하시오.

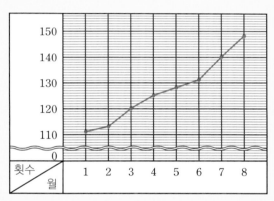

재준이의 줄넘기 횟수

(1) 재준이의 줄넘기 실력은 어떻게 변하고 있습니까?

(2) 재준이의 줄넘기 횟수 변화가 가장 클 때는 언제입니까?

(3) 재준이의 줄넘기 횟수 변화가 가장 작을 때는 언제입니까?

(4) 꺾은선그래프의 아래쪽에 물결선이 그려져 있습니다. 이 물결선은 왜 사용합니까?

정답 (1) 꺾은선이 계속해서 상승하고 있기 때문에 재준이의 줄넘기 실력은 늘었습니다.

(2) 꺾은선의 경사가 가장 높은 곳은 변화가 많이 있었다는 것입니다. 따라서 6~7월이 횟수 변화가 가장 큽니다.

(3) 꺾은선의 경사가 가장 완만한 곳은 변화가 적게 있었다는 것입니다. 따라서 1~2월이 횟수 변화가 가장 작습니다.

(4) 물결선은 그래프에서 불필요한 부분은 생략하기 위해 그린 것입니다. 줄넘기 횟수는 모든 달이 100회 이상입니다. 0~100회까지는 그래프에 표시하여도 점이 찍히지 않기 때문에 0~100까지는 물결선으로 생략하여 그렸습니다. 이는 그래프가 너무 길어지는 것을 막기 위함입니다.

다음은 어느 놀이동산의 이용 고객 성비와, 여성 입장객이 이용한 놀이기구를 나타낸 그래프입니다. 물음에 답하시오.

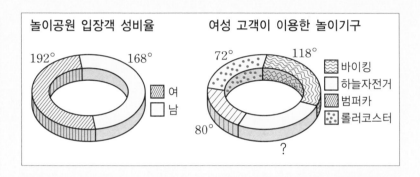

| 놀이공원 입장객 성비율 | 여성 고객이 이용한 놀이기구 |

(1) 전체 입장객이 4200명일 때, 여성 입장객은 몇 명입니까?

(2) 여성 고객이 두 번째로 많이 이용한 놀이기구는 무엇입니까?
이 놀이기구는 몇 명이 이용하였습니까?

A.

풀이 4

정답 (1) 도넛그래프의 전체 360° 중에서 여성이 차지하는 각은 192°입니다.

전체 4200명이 이용하였을 때 $4200 \times \dfrac{192}{360} = 2240$명입니다.

(2) 가장 먼저 하늘자전거의 중심각을 구해야 합니다. 전체 중심각은 360°입니다. 하늘자전거의 중심각은 $360 - 118 - 80 - 72 = 90°$입니다. 가장 많이 이용한 놀이기구는 바이킹118°, 두 번째는 하늘자전거90°입니다. 여성 고객은 모두 2240명입니다.

따라서 하늘자전거를 이용한 여성고객은 $2240 \times \dfrac{90}{360} = 560$명입니다.

다음 띠그래프를 보고, 물음에 답하시오.

좋아하는 과목

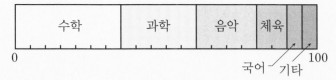

| 수학 | 과학 | 음악 | 체육 | | |

0   100
                              국어 기타

(1) 좋아하는 과목의 백분율을 써 넣으시오.

과목	수학	과학	음악	체육	국어	기타	합계
백분율(%)							

(2) 수학 과목을 좋아하는 학생은 국어 과목을 좋아하는 학생의 몇 배입니까?

(3) 전체 조사한 학생 수가 120명이라면 음악을 좋아하는 학생은 몇 명입니까?

(4) 과학을 좋아하는 학생이 75명이라면 조사한 전체 학생은 몇 명입니까?

풀이 5

정답 (1) 풀이 참조   (2) 7배

     (3) 24명   (4) 300명

풀이 (1) 전체 띠의 길이를 100%로 봅니다. 띠는 20개의 눈금으로 나누어져 있으므로 한 눈금의 크기는 100%÷20칸＝5%입니다.

수학은 7눈금을 차지하므로 5%×7＝35%

과학은 5눈금을 차지하므로 5%×5＝25%

음악은 4눈금을 차지하므로 5%×4＝20%

체육은 2눈금을 차지하므로 5%×2＝10%

국어와 기타는 각각 1눈금을 차지하므로 5%×1＝5%입니다.

각 과목을 좋아하는 학생을 모두 더하면 전체 학생 수가 나와야 하고 각 과목이 차지하는 백분율을 더하면 100%가 나와야 합니다.

따라서 합계는 100%가 됩니다.

과목	수학	과학	음악	체육	국어	기타	합계
백분율(%)	35	25	20	10	5	5	100

⑵ 수학은 35%, 국어는 5%이므로 수학을 좋아하는 학생은 국어를 좋아하는 학생의 7배입니다.

⑶ 음악은 전체 학생의 20%가 좋아합니다. 20%를 분수로 바꾸면 $\frac{20}{100}$ 입니다. 전체 학생이 120명이므로 120명$\times\frac{20}{100}=$24명입니다.

음악을 좋아하는 학생은 24명입니다.

⑷ 25%의 학생이 75명이므로 1%의 학생을 구하기 위한 식은 75명÷25=3명입니다.

1%의 학생이 3명이므로 100%의 학생은 3명×100=300명입니다.

과학을 좋아하는 학생이 75명일 때, 전체 학생은 300명입니다.

다음은 영찬이네 반 학생들의 가족 수를 조사한 것입니다. 이를 막대그래프로 나타내어 보시오.

지환	3	일근	6	진산	3	유진	4	규리	4
선중	3	장호	3	종성	4	김민	4	예은	4
승훈	3	재준	4	현규	4	휴림	3	홍민	4
영찬	4	교호	4	동욱	5	승희	4	윤지	4
준호	3	창민	5	유경	4	유현	4	최민	4
현식	3	종웅	4	가은	5	윤정	4	소은	4
창준	4	한범	4	원영	6	지웅	4	은영	5

(1) 위의 자료를 표로 정리하시오.

가족 수	3	4	5	6
해당 학생 (/표시)				
해당 학생 수				

(2) 막대그래프를 그릴 때 가로, 세로 눈금은 각각 무엇을 나타내는 것이 좋을까요?

(3) 한 눈금이 2명을 나타내도록 그린다면, 전체 눈금은 몇 개 이

상이어야 합니까?

(4) 막대그래프를 완성하시오.

영찬이네 반 가족 수

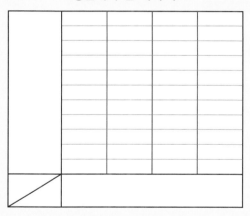

A.

풀이 6

정답 (1) 한 명, 한 명의 자료를 보고 해당되는 칸에 '/'로 표시합니다.
아래와 같습니다.

가족 수	3	4	5	6
해당 학생 (/표시)	∕∕∕∕ ∕∕∕	∕∕∕∕ ∕∕∕∕ ∕∕∕∕ ∕∕∕∕ ∕	∕∕∕∕	∕∕
해당 학생 수	8	21	4	2

(2) 가로 눈금은 가족 수를 나타냅니다. 이 자료는 모든 값이 3~6
사이에 있기 때문에 3, 4, 5, 6을 가로 눈금에 표시합니다. 세로
눈금은 각 가족 수에 속하는 학생 수를 나타냅니다.

(3) 한 눈금이 2명을 나타낸다면, 가장 많은 값을 가지는 '가족 수
4'의 학생 수를 알아야 합니다. 가족이 4명인 학생은 총 21명이
므로 한 칸에 2명을 나타낸다면 적어도 11칸은 있어야 합니다.
따라서 11칸 이상의 눈금이 있어야 합니다.

(4)

영찬이네 반 가족 수

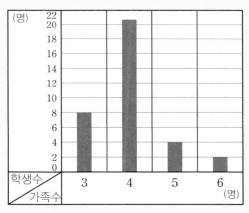

다음은 2008년 5월 9일 Y신문에 실린 내용입니다. 이 기사를 보고 물음에 답하시오.

> 김영사가 운영하는 학부모 포털 부모2.0www.bumo2.com이 초등학생 자녀를 둔 자체 실명인증 회원 329명을 대상으로 4월 25일부터 5월 2일까지 실시한 설문조사 결과, 月 평균 도서 구매 비용으로 1~5만 원이 55.1%로 가장 높았으며, 5~10만 원 사이가 26.4%, 10~20만 원이 7.9%를 기록했으며 月 1만 원이하로 지출한다는 의견이 6.7%로 그 뒤를 이었다. 20만 원 이상 지출한다는 의견은 2.1%를 차지했다. 기타는 1.8%로 기록되었다.

(1) 위 자료를 이용하여 月 평균 도서 구매 비용을 각 계급으로 나누고 이에 따라 백분율과 원그래프의 중심각을 구해 봅시다.

계급 \ 항목	백분율(%)	원그래프의 중심각(°)
1만 원 이하		
1~5만 원		
5~10만 원		
10~20만 원		
20만 원 이상		
기타		

(2) 실제로 5~10만 원 계급에 속하는 응답자는 약 몇 명입니까?

(3) 월평균 도서 구매 비용을 원그래프로 나타내시오.

월평균 도서 구매 비용

정답 (1) 계급의 순서에 따라 백분율과 원그래프의 중심각을 구하면 아래와 같습니다.

계급 \ 항목	백분율(%)	원그래프의 중심각(°)
1만 원 이하	6.7	24.12
1~5만 원	55.1	198.36
5~10만 원	26.4	95.04
10~20만 원	7.9	28.44
20만 원 이상	2.1	7.56
기타	1.8	6.48

원그래프의 중심각 구하는 방법예:1만 원 이하

$$360 \times 백분율 = 360 \times \frac{6.7}{100} = 24.12$$

(2) 전체 329명을 대상으로 한 조사의 26.4%가 5~10만 원을 선택하였습니다. 그러므로 329의 26.4%가 얼마인지를 구하면 됩니다.

$$329 \times \frac{26.4}{100} = 86.856명$$

따라서, 약 87명이 '5~10만 원'을 선택하였습니다.

(3) (1)의 표를 보고 원그래프를 그리면 아래와 같습니다.

월평균 도서 구매 비용

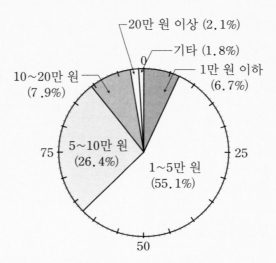

다음을 이용하여 규리의 점수표를 완성하고, 꺾은선그래프를 그리시오.

· 10월 수학 점수는 9월 수학 점수보다 5점 낮았습니다.

· 10월 국어 점수는 10월 수학 점수보다 10점 높았습니다.

· 11월 수학 점수는 11월 국어 점수와 같습니다.

· 11월 수학 점수는 9월 수학 점수보다 10점 높습니다.

· 12월 수학 점수는 9월의 수학, 국어 점수의 평균과 같습니다.

· 12월 국어 점수는 10월 국어 점수의 $\frac{4}{5}$입니다.

· 1월 수학 점수는 가장 잘 친 수학 점수보다 5점 높습니다.

(1) 아래의 표를 완성하시오.

과목＼월	9월	10월	11월	12월	1월
수학	75				
국어	85				100

(2) 표를 그릴 때 꼭 필요한 부분은 몇 점부터 몇 점까지입니까?

(3) 세로의 작은 눈금 한 칸의 크기는 얼마로 해야 합니까?

(4) 아래 꺾은선그래프를 완성하시오.

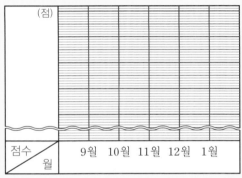

규리의 시험 점수

A.

정답 (1) 주어진 조건을 이용하여 표를 완성하면 다음과 같습니다.

과목＼월	9월	10월	11월	12월	1월
수학	75	70	85	80	90
국어	85	80	85	64	100

(2) 수학과 국어의 점수를 보면 가장 낮은 점수는 12월 국어 점수인 64점이고, 가장 높은 점수는 1월 국어 점수인 100점입니다. 따라서 필요한 부분은 64~100입니다.

(3) 0~63은 사용되지 않으므로 물결선으로 생략하여 그려 줍니다. 그리고 작은 한 칸의 눈금은 1점으로 하는 것이 점수의 변화를 가장 잘 알아볼 수 있습니다.

188 ----- 천재들이 만든 수학퍼즐 · 27

(4) 수학과 국어의 꺾은선그래프를 하나씩 그려 완성하면 다음과
같습니다.

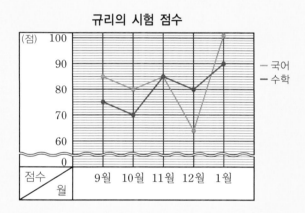

규리의 시험 점수

다음은 K신문의 2008년 1월 20일 기사 내용입니다. 기사를 보고 띠그래프를 완성하여 봅시다.

국내에서 헌혈자 부족으로 혈액의 수급 불균형 문제가 심각해지는 가운데, 우리나라 성인 절반 가량은 헌혈을 해 본 경험이 전혀 없는 것으로 조사됐다.

SBS 김어준의 '뉴스앤조이'가 여론조사 전문기관 리얼미터(대표:이택수)에 의뢰해 조사한 결과, 48.5%는 헌혈 경험이 전혀 없었으며 해본 경험은 있으나 최근에는 거의 안한다는 응답이 43.0%로 뒤를 이었다. 주기적으로 헌혈을 한다는 응답은 성인 8.5%에 불과했다.

한편 헌혈을 주기적으로 한다는 응답자들 가운데서는 '1년에 1~2회'라는 사람이 5.1%로 가장 많았으며, '1년에 5~6회'(2.2%), '1년에 3~4회'(0.7%), '한 달에 2회 이상'(0.4%), '한 달에 한 번'(0.1%) 순으로 조사됐다.

이 조사는 1월 16일 전국 19세 이상 남녀 500명을 대상으로 전화로 조사했고, 표본 오차는 95% 신뢰 수준에서 ±4.4%였다.

(1) 우리나라 성인들의 헌혈 경험에 대한 띠그래프를 그리시오.

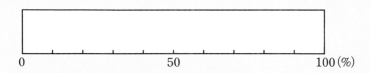

(2) 헌혈을 주기적으로 하는 사람들의 헌혈 주기에 대한 띠그래프를 그리시오.

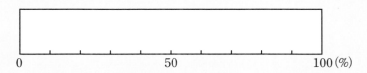

풀이 9

정답 (1)

응답	전혀 없음	해본 경험은 있으나 최근에 거의 안함	주기적으로 헌혈을 함	합계
백분율(%)	48.5	43.0	8.5	100

우리 나라 성인들의 헌혈 경험

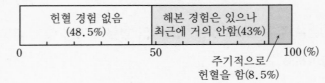

(2)

응답	1년에 1~2회	1년에 5~6회	1년에 3~4회	한 달에 2회 이상	한달에 1번	합계
백분율(%)	5.1	2.2	0.7	0.4	0.1	8.5
8.5%를 전체로 본 백분율(%)	60 $\left(\dfrac{5.1}{8.5}\right) \times 100$	25.9	8.2	4.7	1.2	100

헌혈을 주기적으로 하는 사람의 헌혈 주기

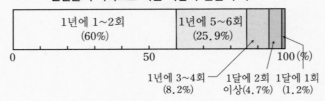

----- 천재들이 만든 수학퍼즐 · 27

다음과 같은 세 가지 함수 상자가 있습니다. 이 함수 상자는 입구에 숫자를 넣으면 함수 상자의 약속대로 변한 뒤 다른 숫자가 나옵니다. 물음에 답하시오.

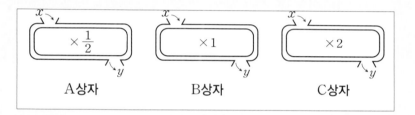

A상자　　　　　　　　　B상자　　　　　　　　　C상자

(1) 세 함수 상자의 함수식을 세워 보시오.

(2) 세 함수식의 그래프를 그려 보시오.

(3) 함수그래프에서 직선의 기울기를 비교하여 보시오. x 앞에 곱하여진 수에 따라 어떻게 변합니까?

A.

풀이 10

정답 (1) · A상자는 숫자가 들어가면 그 숫자의 반이 되어서 나옵니다.
식을 세우면, $y=\dfrac{1}{2}x$입니다.

· B상자는 숫자가 들어가면 그 숫자에 1을 곱한 수가 나옵니다. 이는 곧 자기 자신이 나오는 것입니다. 식을 세우면, $y=x$입니다.

· C상자는 숫자가 들어가면 그 숫자에 2를 곱한 수가 나옵니다. 식을 세우면, $y=2x$입니다.

(2)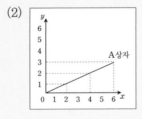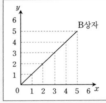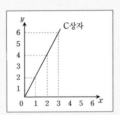

(3) 함수는 x값에 곱해진 숫자에 따라서 그 기울기가 달라집니다. 곱해진 수가 커질수록 y축에 더 가깝게 그려집니다. 즉, 기울기가 커집니다. 반대로 곱해진 수가 작아질수록 x축에 더 가깝게 그려집니다. 즉, 기울기가 작아집니다.

일근이는 소금 20g에 적당히 물을 넣어 농도 $x\%$의 소금물을 만들려고 합니다. 총 소금물의 양은 yg일 때, x와 y 사이의 함수식을 구하고 그래프를 그리시오.

※힌트※

$$소금물의 농도(\%) = \frac{소금의 양}{소금물 전체의 양} \times 100$$

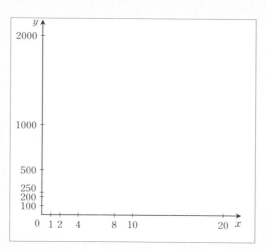

정답 소금물의 농도를 구하는 식에 알고 있는 것들을 대입하면,

$$x = \frac{20}{y} \times 100$$

$$= \frac{2000}{y}$$

$$xy = 2000$$

$$y = \frac{2000}{x}$$

위의 함수식을 그래프로 그리면 아래와 같습니다.

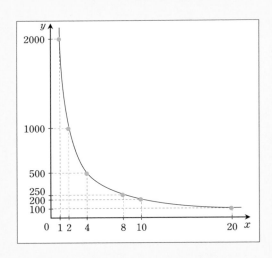

어느 가구 공장에서 책상을 주문하면 100개까지는 한 개당 10만 원이고 100개 초과로 주문하면 한 개당 8만 원입니다. 물음에 답하시오.

(1) 아래 표를 완성하시오.

의자 개수(개)	1	10	50	90	99	100	101	200	300	500
총 가격(만 원)										

(2) 책상의 개수를 x, 총 가격을 y라고 합시다. 주문량이 1~100개일 때, 100개 초과일 때의 함수식을 구하시오.

(3) 위 함수의 그래프를 그리시오.

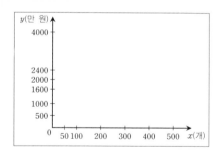

풀이 12

정답 1~100개까지는 한 개당 10만 원, 101~1000개까지는 한 개당 8만 원
입니다.

의자 개수 (개)	1	10	50	90	99	100	101	200	300	500
총 가격 (만 원)	10	100	500	900	990	1000	808	1600	2400	4000

(2) 1~100개까지는 한 개당 10만 원이므로 의자의 총 가격 y는 의자 개
수 x에 10을 곱하면 됩니다. $y=x\times10=10x$

100개 초과일 때는 한 개당 8만 원이므로 의자의 총 가격 y는 의자 개수
x에 8을 곱하면 됩니다. $y=x\times8=8x$

(3)
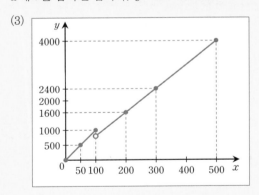

민지는 정사각형의 한 변의 길이에 대한 넓이를 구하고 있습니다.
다음 물음에 답하시오.

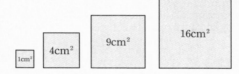

(1) 정사각형의 넓이는 어떻게 구합니까?

(2) 정사각형 한 변의 길이가 1, 2, 3, 4, 5, 6, 7cm일 때의 넓이
를 구하시오.

x	한 변의 길이(cm)	1	2	3	4	5	6	7
y	정사각형의 넓이							

(3) x, y의 관계를 함수식으로 나타내시오.

(4) x, y의 관계를 그래프로 나타내시오.

$\mathcal{A}.$

정답 (1) (한 변의 길이)×(한 변의 길이)로 구할 수 있습니다.

(2) 정사각형의 넓이를 아래와 같이 정리해 볼 수 있습니다.

x	한 변의 길이(cm)	1	2	3	4	5	6	7
y	정사각형의 넓이	1	4	9	16	25	36	49

(3) $y = x \times x = x^2$

(4) 함수를 그래프로 나타내면 다음과 같습니다. 우선 각 점을 찍은 뒤, 그 사이에 있는 점들을 이으면 아래와 같이 부드러운 곡선으로 나타납니다.

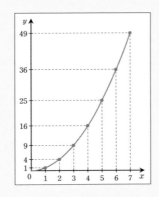

[문제 14] – 5교시

원영이는 미국에 있는 삼촌에게 소포를 붙이려고 합니다. 소포의 무게에 따른 비용이 다음과 같습니다. 물음에 답하시오.

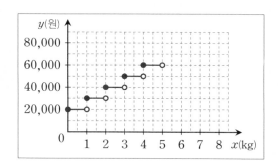

(1) 외국에 소포를 보낼 때 기본요금은 얼마입니까?

(2) 1.5kg의 소포를 보낸다면 요금은 얼마입니까?

(3) 3kg의 소포를 보낸다면 요금은 얼마입니까?

(4) 5~8kg 부분의 그래프를 완성해 보시오.

풀이 14

정답 (1) 20,000원

(2) 30,000원

(3) 50,000원

(4) 풀이 참조

풀이 (1) 그래프 시작점이 20,000원입니다. 따라서 외국에 소포를 보낼 때는 기본요금이 20,000원임을 알 수 있습니다.

(2) 1.5kg에 찍혀 있는 점을 읽으면 됩니다. 1.5kg일 때는 30,000원을 내야 합니다.

(3) 3kg에 찍혀 있는 점을 읽으면 됩니다. 3kg에는 점이 두 개 찍혀 있습니다. 이 중에서 색칠된 점을 읽어야 합니다. 따라서 50,000원입니다.

(4) 1kg이 증가할 때마다 10,000원씩 요금이 올라갑니다. 하지만 5kg 이상부터 6kg 미만까지는 같은 요금이 부과되므로 가운데는 요금이 일정합니다. 이 구간은 직선으로 표현해야 합니다. 따라서 5~8kg 부분의 그래프를 완성하면 다음과 같습니다.

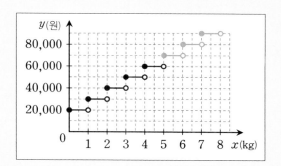

6학년인 유진이는 거리에 따라 부과되는 택시의 요금을 함수그래프로 나타었습니다. 다음 그래프를 보고, 물음에 답하시오.

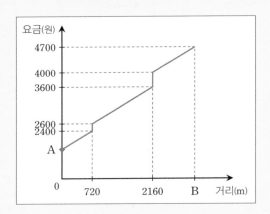

〈택시 요금 계산 방법〉

1. 기본료는 1,900원입니다.

2. 144m당 100원이 부과됩니다.

3. 정지해 있을 때 35초당 100원이 부과됩니다.

〈버스 요금〉

1. 성인, 청소년 : 1,000원

2. 어린이 : 450원

⑴ A의 값을 구하시오.

⑵ B의 값을 구하시오.

⑶ 유진이가 가는 동안 차는 몇 번 정지하였습니까?

⑷ 유진이의 아버지, 어머니, 유진, 유진이 동생이 함께 B만큼의
거리를 간다면, 버스와 택시 중 어느 교통수단이 더 저렴합니까?

A.

정답 (1) A는 거리가 0m일 때의 요금이므로 기본요금 1,900원입니다.

(2) ㉠의 거리만큼 이동할 때, 요금은 700원 올랐습니다.

144m당 100원이므로 ㉠은 144m×7=1008m입니다.

B는 2160m+1008m=3168m 입니다.

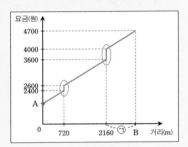

(3) 그래프를 보면 거리는 이동하지 않았지만, 요금이 올라간 부분이 있습니다. 이는 택시가 정지했을 때입니다. 이 그래프에서는 동그라미로 표시된 부분입니다. 따라서 유진이는 택시를 타고 가는 도중 2번 정지했음을 알 수 있습니다.

(4) 택시 요금은 혼자 타든지 가족이 모두 타든지 4,700원입니다. 버스 요금은 유진이 어머니, 아버지 각각 1,000원씩 2,000원이고 유진이와 유진이 동생이 각각 450원씩 900원입니다. 총 버스 요금은 2,900원입니다. 따라서 가족 4명이 같은 거리를 가려면 버스를 타는 것이 더 저렴합니다.

소금물은 물에 소금을 녹인 것입니다. 일정한 양의 물에 소금이 많이 녹아 있을수록 농도가 진해지게 됩니다. 아래의 그래프는 소금물을 만드는 방법에 따른 소금물과 소금의 양에 대한 그래프입니다. 두 그래프 중 소금물의 양이 많아질수록 농도가 옅어지는 소금물 만드는 방법은 어떤 것입니까?

$$소금물의 농도 = \frac{소금의 양}{소금물의 양(=소금+물)} \times 100$$

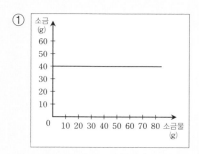

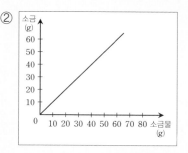

풀이 16

정답 ①

풀이 먼저, 첫 번째 방법은 소금물의 양이 늘어나도 소금의 양은 일정합니다. 소금물의 농도를 구할 때 분모의 양소금물의 양은 커지지만 분자의 양소금의 양은 일정합니다. 그렇다면 분수의 값은 점점 작아지겠죠? 따라서 정답은 첫 번째 그래프입니다.

두 번째 그래프로 분석해 볼까요? 두 번째 그래프는 소금물의 양이 늘어날수록 소금의 양도 늘어나는군요. 그렇다면 분자도 늘어나고, 분모도 늘어납니다. 그 늘어나는 폭이 일정하다면 결국 분수의 크기는 일정한 것입니다. 따라서 소금물의 농도는 변하지 않습니다.

다음 규칙을 읽고, B~E의 좌표를 읽으시오.

규칙

1. 가로축 값은 괄호 속의 앞에, 세로축 값은 괄호 속의 뒤에 적습니다.

2. 가로축은 '0'을 기준으로 오른쪽일 때는 +, 왼쪽일 때는 − 입니다.

3. 세로축은 '0'을 기준으로 위쪽일 때는 +, 아래쪽일 때는 − 입니다.

4. 이런 방법으로 점 A의 좌표는 가로, 세로축을 기준으로 오른쪽으로 1칸, 위쪽으로 2칸이므로 A(1, 2)라고 읽습니다.

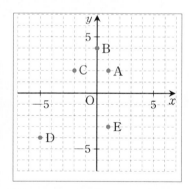

B(,),   C(,),   D(,),   E(,)

정답 B (0, 4), C (−2, 2), D (−5, −4), E (1, −3)

풀이 좌표축의 0을 기준으로 하여 양수와 음수가 나누어집니다. 양수
는 '0' 보다 큰 수, 음수는 '0' 보다 작은 수입니다. 가로축에서는
오른쪽이 양수+, 왼쪽이 음수−가 되고, 세로축에서는 위쪽이 양
수+, 아래쪽이 음수−가 됩니다. 이를 이용하여 각 점의 좌표를
읽으면 됩니다.

다음은 승희네 이웃 50명의 나이입니다. 자료를 보고, 줄기가 9개
인 잎 그림을 그려 보시오.

규호네 반 학생의 키

14	36	14	55	26	45	38	25	43	37
50	32	66	3	48	29	49	11	24	40
53	12	57	35	11	34	52	27	56	22
31	47	20	41	43	45	5	35	25	47
51	72	61	82	44	58	79	48	54	39

줄기와 잎 그림

줄기	잎

정답 줄기와 잎 그림에서는 줄기를 무엇으로 잡을지가 중요합니다. 문제의 자료는 나이이므로 10의 단위를 줄기로 둡니다. 10대, 20대로 분류를 하는 것과 같습니다. 따라서 줄기는 0~8까지로 정해 줍니다.

그리고 자료를 하나씩 보면서 해당되는 줄기에 잎으로 그려주면 됩니다. 잎에서의 순서는 중요하지 않으므로 순서에 상관없이 빠지지 않고 잎으로 그리기만 하면 됩니다. 자료를 줄기와 잎 그림으로 그리면 아래와 같습니다.

줄기와 잎 그림

줄기	잎
0	35
1	11244
2	09746525
3	162548597
4	153748597038
5	175264803
6	16
7	29
8	2

다음 표는 윤정이네 반 20명의 수학 성적과 영어 성적의 상관표
입니다. 물음에 답하시오.

(단위 : 점)

영어＼수학	50이상 ~60미만	60~70	70~80	80~90	90~100	합계
90이상~100미만					1	1
80~90			2	2	1	5
70~80		1	3	2	1	7
60~70	1	2	1	1		5
50~60	1	1				2
합계	2	4	6	5	3	20

(1) 수학 성적이 80점 이상인 학생은 모두 몇 명입니까?

(2) 수학과 영어 성적이 모두 80점 이상인 학생은 모두 몇 명입니
까?

(3) 수학 성적이 90점 이상인 학생의 영어 성적 평균은 몇 점으로
예상할 수 있습니까?

(4) 윤정이네 반 학생들의 수학 성적과 영어 성적은 어떤 상관관계
가 있습니까?

풀이 19

정답 (1) 8명　　　　　　(2) 4명　　　　　　(3) 85점

(4) 영어 성적과 수학 성적 간에는 높은 상관관계가 있습니다.

풀이

영어＼수학	50이상~60미만	60~70	70~80	80~90	90~100	합계
90이상~100미만					1	1
80~90			2	2	1	5
70~80		1	3	2	1	7
60~70	1	2	1	1		5
50~60	1	1				2
합계	2	4	6	5	3	20

(1) 수학 성적이 80점 이상인 학생들은 색칠된 부분입니다. 따라서 모두 8명입니다.

(2) 수학과 영어가 모두 80점 이상인 학생들은 점선으로 표시된 부분입니다. 따라서 모두 4명입니다.

(3) 우선 수학 성적이 90점 이상인 학생들은 모두 3명입니다. 이 3명은 각각 '90~100', '80~90', '70~80'에 분포해 있습니다. 세 학생들의 실제 영어 성적은 모르지만, 각 계급이 나와 있기 때문에 계급의 대푯값을 통해 평균을 구할 수 있습니다.

계급의 대푯값이란 그 계급을 대표할 수 있는 값입니다. '90~100' 계급을 가장 잘 나타내 주는 대푯값은 무엇일까요? 90~100 사이에 있는 95가 그 계급을 가장 잘 나타내 주겠죠? 따라서 '90~100' 계급의 대푯값은 95, '80~90'의 대푯값은 85, '70~80'의 대푯값은 75가 됩니다. 각 계급에 한 명씩 있으므로 평균을 구하면 $(95+85+75) \div 3$으로 구할 수 있습니다. 이 식을 계산하면 85가 됩니다.

수학 성적이 90점 이상인 학생들의 영어 성적의 평균은 85점이라고 할 수 있습니다.

⑷ 상관표를 보면, 많은 학생들이 이 대각선 부근에 모여 있는 것을 확인할 수 있습니다. 이것은 수학 성적이 높은 학생은 영어 성적도 높고, 수학 성적이 낮은 학생은 영어 성적도 낮다는 것을 의미합니다. 영어는 90점 이상이지만 수학은 50~60인 학생은 없죠. 따라서 영어 성적과 수학 성적 간에는 높은 상관관계가 있습니다.

다음은 민지가 전교 4~6학년을 대상으로 좋아하는 운동을 조사한 표입니다. 다음 표를 보고, 물음에 답하시오.

학년	좋아하는 운동
4학년	축구, 발야구, 수영, 야구, 야구, 수영, 축구, 야구, 축구, 축구, 축구, 발야구, 야구, 야구, 축구, 발야구, 발야구, 발야구, 발야구, 야구, 수영, 수영, 발야구, 수영, 수영, 발야구, 발야구, 줄넘기, 발야구, 발야구
5학년	수영, 수영, 수영, 수영, 축구, 축구, 축구, 축구, 축구, 수영, 수영, 수영, 배드민턴, 축구, 축구, 축구, 발야구, 발야구, 발야구, 발야구, 축구, 축구, 발야구, 야구, 야구, 야구, 야구, 줄넘기, 발야구, 야구
6학년	축구, 발야구, 수영, 수영, 수영, 축구, 축구, 축구, 축구, 축구, 스키, 축구, 축구, 축구, 배드민턴, 축구, 축구, 축구, 축구, 축구, 축구, 발야구, 수영, 수영, 수영, 발야구, 발야구, 야구, 야구, 축구

(1) 위의 표를 보고 각 학년 학생들이 좋아하는 운동을 원그래프로 나타내시오.

4학년이 좋아하는 운동   5학년이 좋아하는 운동   6학년이 좋아하는 운동

(2) 위의 원그래프를 보고, 알 수 있는 사실을 2가지 이상 쓰시오.

A.

풀이 20

정답 (1)

학년	항목	축구	발야구	수영	야구	줄넘기	배드민턴	스키	합계
					좋아하는 운동				
4	학생수	6	11	6	6	1	0	0	30
	백분율	20.0	36.7	20.0	20.0	3.3	0	0	100
	중심각	72	132	72	72	12	0	0	360
5	학생수	10	6	7	5	1	1	0	30
	백분율	33.3	20.0	23.3	16.7	3.3	3.3	0	약 100
	중심각	120	72	84	60	12	12	0	360
6	학생수	16	4	6	2	0	1	1	30
	백분율	53.3	13.3	20.0	6.7	0	3.3	3.3	약 100
	중심각	192	48	72	24	0	12	12	360

4학년 원그래프

5학년 원그래프

6학년 원그래프

(2)

· 학년이 올라갈수록 축구를 좋아하는 학생의 비율이 계속 증가하고 있습니다.

· 학년이 올라갈수록 좋아하는 운동의 종류가 다양해지고 있습니다. 5학년이 되면 배드민턴, 6학년이 되면 스키를 좋아하는 학생이 생깁니다.

성원이는 10~19세, 20~29세를 대상으로 하여 하루 동안 시간을 어떻게 사용하는지에 대해서 조사해 보았습니다. 이를 토대로 복합 그래프를 그리시오.

(단위 : 분)

항목	10~19세	20~29세
일	13	270
학습	500	60
가정관리	8	50
교제 및 여가활동	200	280
이동	90	120

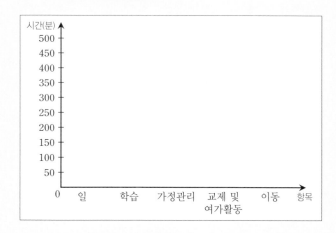

풀이 21

정답

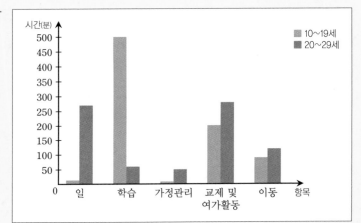

다음 세 가지 자료를 보고, 아래의 분포곡선과 어울리는 것을 각각 연결하시오.

수학 성적 : 평균은 78점이고, 낮은 점수부터 높은 점수까지 고르게 분포된 특징을 가지고 있다. •

•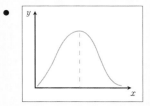

영어 성적 : 대부분의 학생들이 평균 88점 부근에 몰려 있으며 낮은 점수를 받은 학생은 거의 없다. 시험이 대체적으로 쉬웠다고 판단된다. •

•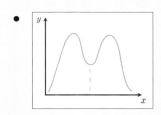

국어 성적 : 5~60점대 학생들이 거의 없고, 점수를 아주 잘 받은 학생과 못 받은 학생으로 양분화 된다. 난이도 조절에 실패한 것으로 보인다. •

•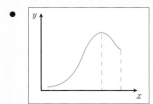

풀이 22

정답 수학 성적   영어 성적

국어 성적

풀이 각 과목의 점수분포 설명을 보고 어울리는 분포곡선과 연결하면
됩니다.

수학 성적의 경우 평균을 중심으로 고른 분포를 보이고 있다고
했으므로 정규분포곡선에 가장 가까운 첫 번째 분포곡선입니다.

영어 성적의 경우 평균이 수학 성적에 비해 높고, 평균 부근에
몰려 있으므로 분산도가 가장 낮은 세 번째 분포곡선과 연결할
수 있습니다.

국어 성적은 가운데 부분에 학생이 없고, 잘 치거나 못 쳐서 점
수가 양분화 된 것을 고르면 두 번째 분포곡선과 연결할 수 있습
니다.

다음은 10,000명을 기준으로 한 조선시대와 오늘날의 인구분포를 나타낸 분포곡선입니다. 다음 질문에 답하시오.

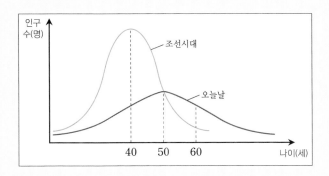

(1) 40~50세의 사람들은 어느 시대에 더 많았습니까?

(2) 조선시대와 오늘날 사람들의 평균 연령은 각각 몇 살입니까?

(3) 분포곡선으로 둘러싸인 도형의 넓이는 어느 시대가 더 큽니까?

𝒜.

풀이 23

정답 (1) 조선시대

(2) 조선시대 : 40세, 오늘날 : 50세

(3) 같습니다.

풀이 (1) 40~50세의 인구는 빗금 친 부분입니다. 분포곡선으로 둘러싸인 도형의 넓이는 곧 그 구간에 속하는 사람 수입니다. 따라서 그 넓이는 밝은 파란색 선으로 둘러싸인 부분이 더 넓으므로 조선시대에 더 많았다고 볼 수 있습니다.

(2) 밝은 파란색 그래프의 봉우리는 40세, 청록색 그래프의 봉우리는 50세이므로 각각 40, 50세가 평균이 됩니다.

(3) 분포곡선으로 둘러싸인 부분의 넓이는 해당되는 사람 수와 같습니다. 여기서는 두 그래프 모두 10,000명을 기준으로 한 분포곡선이기 때문에 두 도형의 넓이는 같습니다.

다음은 어떤 나라 시민 300만 명의 1년간 독서량에 대한 정보입니다. 다음을 보고 분포곡선을 완성하시오.

· 독서를 많이 하는 사람과 적게 하는 사람의 차이가 크고, 그 가운데가 적습니다.

· 1년에 5권을 읽는 사람이 80만 명, 1년에 30권을 읽는 사람은 60만 명입니다.

· 1년에 20권을 읽는 사람은 20만 명으로 가장 적습니다.

· 평균이 30권, 5권 두 가지가 있습니다.

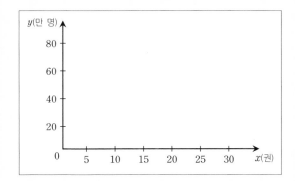

정답 평균이 두 개인 분포곡선입니다. 5권을 읽는 사람이 80만 명, 30권을 읽는 사람이 60만 명입니다. 그리고 가장 적은 수는 20권, 20만 명입니다. 이 정보들을 종합하여 그래프를 그리면 아래와 같습니다.

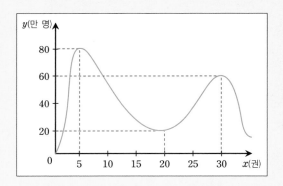

다음은 연도별 칙칙 나라의 인구수를 나타낸 표입니다. 앞으로 칙칙 나라의 인구수는 어떻게 변하게 될지 알아보시오.

연도	1935년	1970년	1984년	1997년	2009년
인구(명)	20억	30억	40억	50억	60억

(1) 위 표를 보고 아래의 꺾은선그래프를 완성해 보시오.

칙칙 나라의 인구

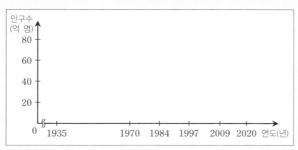

(2) 앞으로 칙칙 나라의 인구는 어떻게 변할까요?

(3) 칙칙 나라의 인구가 계속 증가한다면 어떤 변화가 생길까요?

(4) 앞으로 10억이 더 늘어나려면 몇 년이 걸릴까요? 그리고 70억이 되는 해는 몇 년쯤일까요?

풀이 25

정답 (1)

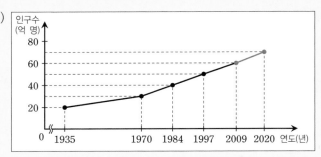

(2) 1935년 이후로 계속해서 증가하고 있으므로 앞으로도 증가할 것으로 보입니다.

(3) 식량 문제, 생활 공간의 부족, 물 부족, 지하자원의 부족, 환경 오염 등의 문제가 생길 수 있습니다.

(4) 인구 10억이 늘어나는 데 걸리는 시간은 35년, 14년, 13년, 12년으로 점점 짧아지고 있습니다. 이것을 보고 추측한다면, 10~11년 정도가 걸릴 것으로 예상됩니다.

현재 60억에서 10~11년 정도 후에 10억이 늘어날 것으로 예상 되므로, 2020년쯤이 되면 칙칙 나라의 인구가 70억이 될 것으로 예상할 수 있습니다.

다음은 통계청에서 조사한 '한국인의 평균 수명 변화', '한국의 출산율 변화'에 관한 그래프입니다. 아래 그래프 보고 물음에 답하시오.

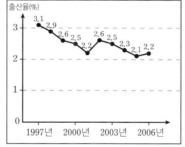

(1) 한국인의 평균 수명은 어떻게 변하고 있습니까?

(2) 한국의 출산율은 어떻게 변하고 있습니까?

(3) 2005년의 인구 피라미드가 다음과 같다면, 위 두 그래프를 보고 2050년 인구 피라미드는 어떻게 될지 예상해 보시오.

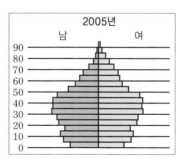

정답 (1) 1970년 이후로 평균 수명은 꾸준히 늘어나고 있습니다.

(2) 출산율은 전체적으로 감소하고 있습니다. 하지만 그 폭은 작습니다.

(3) 출산율은 감소하고, 평균 수명은 늘어납니다. 영, 유아의 비율은 작아지므로 인구 피라미드의 아랫부분은 좁아지고, 노인의 비율은 늘어나므로 인구 피라미드의 윗부분은 넓어집니다. 인구 피라미드를 예상해 보면 아래와 같습니다.

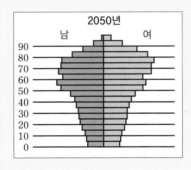

다음 두 그림그래프를 보고, 물음에 답하시오.

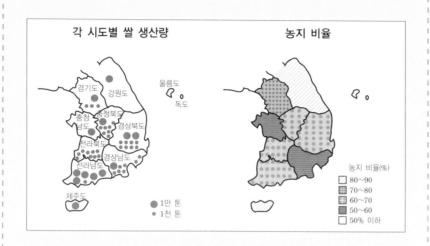

(1) 농지의 비율이 가장 높은 곳은 어디입니까?

(2) 농지의 비율에 비해 쌀 생산량이 가장 낮은 곳은 어디입니까?

(3) (2)의 답으로 무엇을 알 수 있습니까?

(4) 만약에 국가에서 새로운 쌀 농사법을 개발하였다면 어디부터 전해 주어야 효과가 가장 빨리 나타나겠습니까?

정답 (1) 강원도에서 농지의 비율이 가장 높음을 알 수 있습니다.

(2) 각 시도별 쌀 생산량 그래프에서 점이 가장 적게 찍혔으면서, 농지 비율 그래프에서 농지 비율이 높은 지역은 강원도입니다.

(3) 강원도에서는 농지는 많지만 쌀 생산량은 가장 적습니다. 이것은 농지 중에서 쌀농사를 짓지 않는 땅이 많다는 것을 의미합니다. 쌀 외에 다른 곡식들을 재배하고 있을 수도 있고, 아예 농사를 짓지 않는 땅이 많을 수도 있습니다.

(4) 국가에서 개발한 쌀 농사법은 농지의 비율이 높은 곳보다 쌀을 가장 많이 생산하는 곳에 먼저 전해 주어야 효과를 가장 빨리 볼 수 있습니다. 따라서 쌀을 가장 많이 생산하고 있는 전라남도부터 전해 주어야 합니다.

다음은 나라별 문맹률과 인터넷 사용 언어 순위에 대한 그래프입니다. 물음에 답하시오.

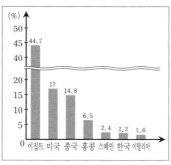

나라별 문맹률 비교

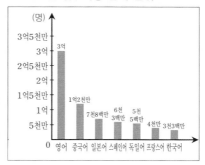

인터넷 사용 언어 순위

(1) 한국의 문맹률은 몇 %입니까? 그리고 한글을 인터넷 언어로 사용하는 사람은 몇 명입니까?

(2) 인터넷 사용 언어 순위는 무엇에 의해 결정되는지 두 그래프를 보고 분석해 보시오.

(3) 전 세계에 언어는 56개입니다. 그리고 한글을 사용하는 인구수는 13위입니다. 하지만 인터넷 사용 언어 순위는 한국이 7위입니다. 이것을 통해서 어떤 결론을 내릴 수 있습니까?

정답 (1) 문맹률은 2.2%, 인터넷 사용 언어 사용자 수는 3천 3백만 명입니다.

(2) 영어가 1위, 2위가 중국인 것으로 보아 언어 사용자 수에 따라 결정됩니다. 중국의 인구수가 가장 많지만, 영어는 미국 외에도 많은 나라에서 공용어로 사용하고 있기 때문에 영어를 사용하는 인구가 중국어를 사용하는 인구보다 많습니다.

(3) 전 세계 56개 언어 중에서 한글을 사용하는 사용자 수로는 13위를 차지하였습니다. 하지만 인터넷상에서는 당당하게 7위를 차지하였습니다. 무려 6위나 오른 순위입니다. 이것이 뜻하는 것은 한글이 실제 사용하는 데에도 편하지만, 인터넷상에서 더 편리해진다는 것을 의미합니다. 같은 내용을 전달할 때 차지하는 용량이 적고, 자판으로 입력할 때도 편리한 한글의 특징이 잘 반영된 순위라고 할 수 있습니다. 한글의 우수성을 알 수 있겠지요. 또한 한글을 사용하는 인구가 적음에도 불구하고 7위라는 것은 한국 사람들이 다른 언어를 사용하는 사람들보다 인터넷을 더 많이 사용한다는 것을 알 수 있습니다.

다음은 미국의 1973년부터 1979년까지 1배럴당 석유 가격을 비교하는 그림그래프입니다. 물음에 답하시오.

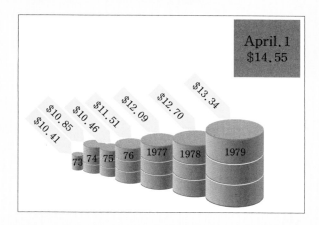

(1) 시간이 갈수록 석유 가격은 어떻게 되었습니까?

(2) 실제로 1978년 석유 가격과 1979년 석유 가격은 몇 달러 차이입니까?

(3) 위 그림그래프는 잘못 그려진 그림그래프입니다. 그 이유를 찾아 보시오.

(4) 이 그래프를 바르게 고치려면 어떻게 해야 합니까?

풀이 29

정답 (1) 시간이 지나면서 석유 값은 상승했습니다.

(2) 1978년은 1배럴당 12.70달러, 1979년은 13.34달러입니다. 따라서 그 가격 차이는 0.64달러 차이입니다.

(3) 석유 가격은 1년 단위로 대부분 1달러 차이도 나지 않습니다. 하지만, 석유통으로 표현한 그림에서 1976년과 1979년을 비교해 보면 2배 이상 차이나는 것처럼 그려져 있습니다. 실제로는 약 2 달러 차이입니다.

이처럼 그림을 과장되게 그려서 마치 석유 가격이 2배 이상 차이가 나는 것으로 오해할 수 있습니다.

(4) 그림그래프는 사람들이 보기 쉽다는 장점이 있습니다. 그리고 석유 가격을 석유통으로 비유하여 그린 것은 좋은 생각입니다. 하지만, 실제 가격 차이가 2~3배와 같이 큰 차이를 보이지 않기 때문에 석유통으로 나타내기에는 한계가 있습니다. 사실적인 정보를 제공하기 위해서는 석유통보다는 꺾은선그래프로 나타내는 것이 더 효과적입니다.

다음은 승훈이의 키를 나타낸 표입니다. 꺾은선그래프를 그리고,
물음에 답하시오.

월	5	6	7	8	9	10
키(cm)	130.1	130.5	131.4	132.5	132.8	133.2

(1) 위 표를 보고, 꺾은선그래프를 완성하여 보시오.

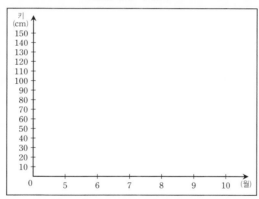

(2) 위 그래프의 문제는 무엇입니까?

(3) 위 그래프에서 세로 눈금 하나를 얼마로 해야 합니까?

풀이 30

정답 (1)

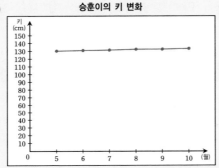

(2) 한 칸의 간격이 너무 커서 0.1cm 단위로 변하는 키를 잘 표현할 수 없습니다.

(3) 가장 작은 값이 130.1이므로 125cm 전까지 생략할 수 있습니다. 0~125 사이에 물결선을 그리고, 한 칸의 눈금이 0.1cm씩 나타나도록 그려야 합니다.

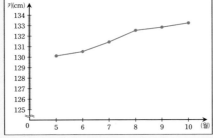

다음은 희정이가 조사한 우리나라 중·고등학생의 흡연 학생 수를 나타낸 그래프입니다. 이 그래프의 잘못된 점은 무엇이며 바르게 고치려면 어떻게 해야 합니까?

중학생 10000명당 흡연 학생 수

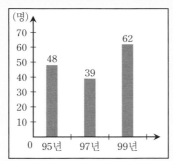

고등학생 2000명당 흡연 학생 수

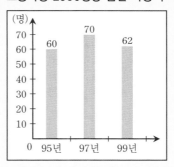

𝒜.

정답 문제의 그래프를 보면 중학생의 흡연 학생 수가 고등학생의 흡연 학생 수보다 적지만 그래프상으로는 큰 차이는 보이지 않는 것처럼 보입니다.

또한 그래프를 자세히 보면 중학생의 기준이 10000명 중에 흡연 학생 수를 조사한 것이고, 고등학생은 2000명당 흡연 학생 수를 조사한 것입니다. 기준이 다른데 함께 비교하는 것은 잘못된 것입니다.

이를 바르게 고치려면 각 학교급당 흡연 학생 수의 비율을 통하여 그래프를 그려야 합니다. 중·고등학생 모두 1000명을 기준으로 하는 흡연 학생 수로 자료를 바꾸어서 그래프를 그립니다. 자료를 바꾸면 아래와 같습니다.

연도 \ 학교 급	중학생	고등학생
1995	4.8	30
1997	3.9	35
1999	6.2	31

이를 이용하여 막대그래프를 그리면 다음과 같습니다.

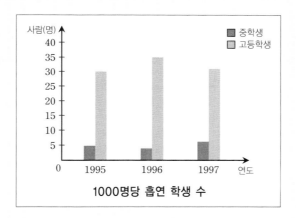

다음은 한국전력공사에서 조사한 전기 용도별 판매 현황입니다. 물음에 답하시오.

구분	호수	판매량 (백만 kwh)	판매량 (구성비 %)	판매수입 (억원)	판매수입 (구성비 %)	판매단가 (원/kwh)
주택용	13,268,224	75,148	20.4	71,229	24.8	94.78
일반용	2,451,135	82,208	22.3	80,304	28.0	97.68
교육용	32,649	5,304	1.4	4,095	1.4	77.20
산업용	322,894	194,936	52.9	125,848	43.9	64.56
농사용	1,087,426	8,215	2.2	3,487	1.2	42.45
가로등	821,139	2,794	0.8	1,997	0.7	71.47
종합	17,983,497	368,605	100	386,960	100	77.85

(1) 다음 중 판매 단가가 가장 저렴한 것은 어느 것입니까?

(2) 학교에서 한 달에 전기를 4400kwh 사용한다면, 지불해야 할 요금은 얼마입니까?

(3) 위의 표를 보면 판매량의 구성비와 판매수입의 구성비가 다릅니다. 그 이유는 무엇입니까?

(4) 판매 수입의 구성비를 원그래프로 나타내시오.

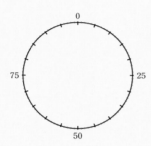

(5) 한국전력공사에서 위와 같이 요금을 책정한 것에 대해서 어떻게 생각합니까?

$\mathcal{A}.$

풀이 32

정답 (1) 판매 단가가 가장 저렴한 것은 42.25원인 농사용입니다.

(2) 학교는 교육용 전기를 사용합니다.

따라서 $4400\text{kWh} \times 77.20 = 339680$원입니다.

(3) 판매를 한 만큼 수입이 생깁니다. 하지만, 전기요금의 경우 각 사용 용도별로 판매 단가가 다릅니다. 저렴한 곳에 많이 팔리는 것과, 비싼 곳에 많이 팔리는 것에는 수익 면에서 차이가 있습니다. 예를 들어, 산업용은 52.9%가 사용되지만 가격이 주택용, 일반용에 비해서 저렴하기 때문에 전체 수입에서는 52.9%보다 작은 43.9%를 차지하게 되는 것입니다.

(4)   **판매 수입 구성비**

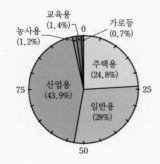

(5) 일반 가정이나 사무실 같은 곳에서는 전기의 사용량이 그리 많지 않습니다. 하지만, 공장이나 농업 현장에서는 전기를 대량으로 많이 사용하기 때문에 판매 단가를 낮게 해 줌으로써 주인들이 부담을 덜 느끼고 산업이나 농업에 매진할 수 있도록 하는 것입니다. 그리고 교육이나 가로등에 쓰이는 전기는 국민을 위한 서비스이므로 판매 단가를 낮추어 주는 것입니다.

따라서, 나라 전체를 생각했을 때, 일반 소비자에게는 전기를 절약할 수 있는 계기를 마련하고 산업·농업에 종하는 사람에게는 부담을 덜 주어 산업·농업이 활성화 될 수 있도록 하고 있습니다. 합리적인 전기 요금 제도라고 생각합니다.

다음은 어느 고등학교 학생 51명의 키를 나타낸 자료입니다. 이를 이용하여 여러 가지 자료로 바꾸어 보시오.

181	161	170	160	158	169	162	179	183	178
171	177	163	158	160	160	158	174	160	163
167	165	163	173	178	170	167	177	176	170
152	158	160	160	159	180	169	162	178	173
173	171	171	170	160	167	168	166	174	180
182									

(1) 자료를 도수분포표로 완성하여 보시오.

계급	계급구간	도수
1	149.5이상~ 미만	
2		
3		
4		
5		
6		
7	~184.5	
합계		

(2) (1)의 도수분포표를 이용하여 히스토그램으로 완성하여 보시오.

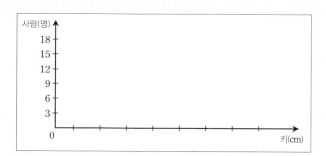

(3) 자료를 줄기와 잎 그림으로 완성하여 보시오.

15 |
16 |
17 |
18 |

풀이 33

정답 (1)

계급	계급구간	도수
1	149.5이상~154.5미만	1
2	154.5~159.5	5
3	159.5~164.5	13
4	164.5~169.5	8
5	169.5~174.5	12
6	174.5~179.5	7
7	179.5~184.5	5
합계		51

(2)

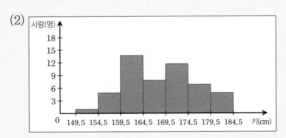

(3)

15			15	888289			15	288889
16		➡	16	109230003753700920786	➡		16	0000000122333356777899
17			17	0981743807608331104			17	0000111333446778889
18			18	13002			18	00132

1단계   2단계   3단계

다음은 출산 순위별 여자 아이 100명에 대한 남자 아이의 수를 나타낸 것입니다. 아래 그래프를 보고 물음에 답하시오.

출산 순위별 남자 아이의 수

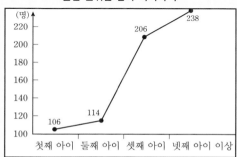

(1) 첫째 아이는 남·여 아이의 성비가 어떠합니까?

(2) 뒤로 갈수록 어떤 성별의 아이가 더 많습니까?

(3) (2)의 이유는 무엇입니까?

$\mathcal{A}.$

 오일러가 만든 그래프 · 익히기 고급 ----- 249

정답 (1) 첫째 아이는 여자아이가 100명일 때, 남자아이 106명으로 비슷한 비율을 갖고 있습니다.

(2) 첫째 아이에서 둘째, 셋째 아이로 가면서 점점 더 남자아이를 더 선호하는 것으로 해석할 수 있습니다. 넷째 아이 이상을 보면, 여자아이가 100명일 때, 남자아이는 238명으로 2배가 넘는 것을 알 수 있습니다.

(3) 원래 자연적으로 출산을 한다면 남아와 여아의 비율이 1:1이 되어야 합니다. 하지만, 출산 순위가 뒤로 가면서 남아의 비가 훨씬 늘어나고 있습니다. 이는 남아를 선호하는 사상이 반영되었음을 알 수 있습니다. 나중에 갖는 아이는 대부분 남아를 가지기 위한 경우가 많음을 알 수 있습니다.

다음은 서울, 뉴욕, 시드니의 월평균 기온을 나타낸 표입니다. 다음 물음에 답하시오.

서울

월	1	2	3	4	5	6	7	8	9	10	11	12
기온(℃)	−3	−1	5	12	17	22	25	25	21	14	7	0

뉴욕

월	1	2	3	4	5	6	7	8	9	10	11	12
기온(℃)	0	1	5	11	17	22	25	24	20	14	9	3

시드니

월	1	2	3	4	5	6	7	8	9	10	11	12
기온(℃)	23	23	21	19	16	13	12	13	16	18	20	22

(1) 위 세 도시의 월평균 기온을 꺾은선그래프로 나타내고, 그래프를 통해 무엇을 알 수 있는지 쓰시오.

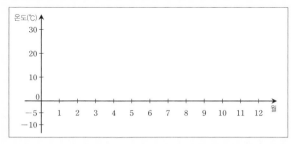

풀이 35

정답 (1)

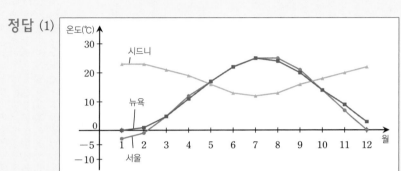

(2) 이를 통해 서울과 뉴욕의 연평균 기온의 변화는 비슷하나 시드니는 두 도시와는 반대인 양상을 띠는 것을 알 수 있습니다. 따라서, 시드니는 남반구, 뉴욕과 서울은 북반구에 있다는 것을 알 수 있습니다.

아영이는 태어났을 때부터 지금까지의 행복지수를 정해 보았습니다. 그 기준과 아영이의 행복지수 그래프는 아래와 같습니다. 여러분도 아영이의 기준에 맞추어 인생의 행복지수 그래프를 완성해 보시오.

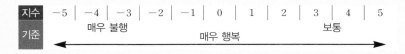

아영이의 행복지수

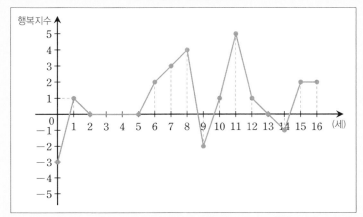

0세 : 태어나는 고통(-3)

1세 : 나의 첫 생일(+1)

2세~6세 : 일상적인 생활(0)

6세 : 유치원에 입학(+2)

7세 : 유치원 학예회에서 상을 받음(+3)

8세 : 학교에 입학(+4)

9세 : 아버지께서 편찮으심(-2)

10세 : 학급 임원으로 뽑힘(+1)

11세 : 동생이 태어남(+5)

12세 : 가족여행(+1)

13세 : 일상적인 생활(0)

14세 : 중학생이 되어 숙제가 많아짐(-1)

15세~16세 : 남자친구가 생김(+2)

정답 여러분의 일생을 돌아보면서 행복지수 그래프를 완성해 봅시다.

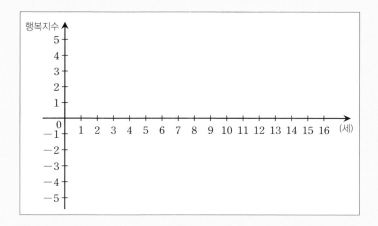